COURS COMPLÉMENTAIRE DE MÉCANIQUE RATIONNELLE

LEÇONS

SUR LE

FROTTEMENT

PAR

P. PAINLEVÉ

MAÎTRE DE CONFÉRENCES A LA FACULTÉ DES SCIENCES DE PARIS

PARIS

LIBRAIRIE SCIENTIFIQUE A. HERMANN

Éditeur, Libraire de S. M. le roi de Suède et de Norwège.

8, RUE DE LA SORBONNE 8.

1895

Introduction.

La plupart des traités de Mécanique rationnelle sont consacrés exclusivement aux systèmes dénués de frottement. Le frottement n'apparaît que dans quelques applications particulières. Est-il impossible de développer, pour les systèmes doués de frottement, une théorie générale analogue, par exemple, à celle que constitue l'application des équations de Lagrange aux systèmes sans frottement? À coup sûr, les lois empiriques du frottement ont des formes différentes suivant la nature des liaisons; elles possèdent néanmoins assez de caractères communs, la marche qu'il convient de suivre dans les cas particuliers, les difficultés qui s'y rencontrent offrent assez d'analogies pour qu'une telle théorie ait son utilité tant au point de vue rationnel qu'au point de vue des applications. C'est donc l'étude du mouvement d'un système quelconque doué de frottement qui fait l'objet de ces leçons.

Nous considérons en premier lieu les systèmes formés de points matériels isolés, gênés par des obstacles. On passe ensuite, sans difficulté, aux systèmes qui renferment des corps continus mais dont la position ne dépend que d'un nombre fini de paramètres (corps solides, fils inextensibles glissant sur une courbe, etc). Tous les systèmes de cette catégorie qui sont réalisables peuvent être regardés comme formés d'éléments infinitésimaux qui restent identiques à eux-mêmes (ou dont la forme varie avec le temps suivant une loi donnée). Quant aux systèmes continus dont la position ne dépend plus d'un nombre fini de paramètres, ils seront l'objet d'un travail ultérieur; j'observe seulement que ces systèmes forment deux classes bien distinctes, suivant qu'ils peuvent être ou non considérés comme formés d'éléments qui restent identiques à eux-mêmes : les fils et les membranes inextensibles, les fluides incompressibles rentrent dans la première classe; les fils et les membranes extensibles, les fluides compressibles dans la seconde. Et tous les systèmes de la première classe s'étendent immédiatement les généralités développées dans ces leçons, tandis que l'étude des systèmes de la seconde classe présente des difficultés nouvelles.

Il convient, avant tout, de préciser les définitions premières relatives au frottement. Étant donné un système S de n points matériels assujettis à des liaisons, on dit que le système est sans frottement quand le travail des réactions est nul pour tout déplacement virtuel de S (compatible avec les liaisons à l'instant t) : la connaissance des forces actives suffit alors à déterminer le mouvement de S et les réactions. Dans tous les cas particuliers, cette définition concorde bien avec la notion ordinaire de l'absence de frottement. Quand le travail virtuel des réactions n'est pas nul, soit (R) la réaction qui s'exerce sur le point M du système S, (R') celle qui s'exercerait si le système était sans frottement, on donne à la force (R') le nom de force de liaison, et à la différence géométrique $(R) - (R')$ ou (ρ) le nom de force de frottement. Ces segments jouissent, quelles que soient les lois du frottement, de propriétés géométriques intéressantes, qui ont été développées dans les leçons sur l'intégration des équations de la Mécanique.

Les points M de S occupant à l'instant t des positions données avec des vitesses données et étant soumis à certaines forces actives, l'expérience et l'observation montrent que le mouvement de S est déterminé, par suite les réactions et les forces de frottement et de liaisons. Dans tous les cas où les liaisons matérielles ne sont pas surabondantes, — c'est-à-dire ne peuvent être simplifiées sans que les liaisons géométriques soient modifiées —, il se trouve même que les forces de frottement (ρ) ne dépendent que des forces de liaison (R'). On dit qu'on connaît la loi du frottement de S, si les données empiriques permettent de calculer l'expression des (ρ) en fonction des (R'). Pour certaines conditions initiales particulières, où deux éléments qui frottent l'un sur l'autre ont une vitesse relative nulle, la loi précédente est en défaut, et les données empiriques se traduisent par une loi d'une autre forme, dite loi du frottement au repos ou au départ [1]. La connaissance de la loi du frottement du système S et des forces actives permet de calculer le mouvement de S, mais laisse parfois le choix entre plusieurs mouvements possibles répondant aux mêmes conditions initiales : il arrive notamment, dans le cas du frottement au repos, que les réactions dépendent d'indéterminées.

Je néglige systématiquement dans ces leçons le cas où les liaisons matérielles, douées de frottement, sont surabondantes, par exemple le cas d'un solide reposant par quatre points sur un plan. Le mouvement dépend alors en général de la constitution intérieure du système, et son étude se rattache à la théorie de l'élasticité.

La combinaison des liaisons matérielles, la détermination de

---

(1) Cette loi exprime toujours que, suivant que le frottement est plus ou moins considérable, la vitesse relative v des deux éléments en contact reste nulle ou au contraire que dans l'intervalle t à $t + dt$, v n'est pas nul et que la loi ordinaire du frottement s'applique.

la loi de frottement résultant des lois de frottement partielles font l'objet d'une discussion détaillée. Dans une foule d'applications il arrive notamment que les liaisons matérielles se distinguent en deux groupes dont l'un est sans frottement : il est avantageux dans ce cas, de ne pas introduire les réactions, dues à ces dernières liaisons : il suffit pour cela d'écrire les équations de Lagrange relatives aux l paramètres $r_1, \ldots r_l$ qui définissent la position du système quand on tient compte des liaisons sans frottement. Cette remarque est importante pour l'étude des systèmes qui renferment des corps continus solides (ou d'autres systèmes continus dépendant d'un nombre fini de paramètres.)

La question de la compatibilité des liaisons est particulièrement délicate. Deux groupes de liaisons sont dits matériellement compatibles quand d'abord ils le sont géométriquement, et quand de plus pour deux conditions initiales quelconques du système et des forces actives quelconques, les obstacles peuvent exercer des réactions finies, conformes à leur loi de frottement, qui maintiennent les liaisons. Comme type des difficultés qu'on rencontre, prenons l'exemple d'un solide S glissant avec frottement sur une surface fixe Σ. En admettant, d'après l'expérience, que la composante tangentielle R_t de la réaction est proportionnelle à la composante normale R_n $[R_t = f R_n]$, on voit aisément que R_n dépend du coefficient f, sauf dans des cas exceptionnels : le solide S étant placé à l'instant t_0 dans une position déterminée, considérons les deux systèmes de conditions initiales $q_i^0, q_i'^0$ et $q_i^0, -q_i'^0$; dès que f dépasse une certaine limite (qui dépend en général des $q_i^0, \frac{q_i'^0}{q_i''^0}$), on trouve que deux mouvements possibles répondent à un des systèmes de conditions initiales, soit $q_i^0, q_i'^0$; pour le second $(q_i^0, -q_i'^0)$, aucun mouvement n'est possible ; il y a incompatibilité entre la liaison et la loi de frottement.

Observons à ce propos que R_n ne se confond pas en général avec la force de liaison R' (réaction qui s'exercerait si f était nul), mais un calcul tout élémentaire fait connaître R' en fonction linéaire de R_n (et de f), par suite $(R) - (R')$ en fonction linéaire de R', autrement dit la loi de frottement conforme à la définition générale se déduit aisément de la loi empirique du frottement de S sur Σ. Ce calcul sera presque toujours inutile à effectuer, mais il importe de savoir qu'il est possible.

J'ai cherché à éclairer ces généralités par de nombreux exemples simples pour lesquels la discussion se laisse complètement effectuer et qui offrent en même temps des types des diverses singularités qu'on est exposé à rencontrer.

Quelques pages sur le frottement de roulement et de pivotement terminent ces leçons

Table des Matières.

Applications.

[1] Le lecteur qui a surtout en vue les applications aux corps solides peut se dispenser de lire ce chapitre (pages 12 - 34)

Leçons sur le Frottement.

Systèmes à Frottement.

Rappel de la définition générale du Frottement.

Nous allons développer dans cette leçon l'étude du mouvement d'un système, en supposant que les liaisons matérielles qui l'astreignent ne soient plus dépourvues de frottement. Il convient, pour cela, de rappeler tout d'abord les définitions relatives au frottement que nous avons indiquées dans la première partie de ces leçons ... (Leçons 4 et 5)[1]

Soit S un système de n points matériels M, de masse m, assujettis à des liaisons, et dont on étudie le mouvement par rapport à des axes trirectangles arbitrairement choisis $oxyz$. Nous réserverons, dans ce qui va suivre, le nom de déplacement virtuel, à tout déplacement infiniment petit du système compatible avec les liaisons à l'instant t. Étant donné un ensemble quelconque de forces $F_1 \ldots F_n$ appliquées aux différents points $M_1 \ldots M_n$ de S, le travail virtuel des forces F_i sera, par définition, le travail τ de ces forces, dans un déplacement virtuel quelconque de S; le travail virtuel des F_i sera nul, si τ est nul quel que soit le déplacement virtuel.

Soit d'autre part (F') ou $m\,(\gamma)$ la force totale (relative aux axes $oxyz$) qui s'exerce à l'instant t sur le point M du système (γ) désigne l'accélération de M à l'instant t par rapport aux axes. Soit de plus (F') la force (relative à $oxyz$) qui s'exercerait sur M si, sans rien changer d'ailleurs, on supprimait les éléments matériels immédiatement en contact avec lui et qui l'empêchent d'occuper une position arbitraire autour de sa position actuelle; soit enfin (R) la force

[1] Le lecteur est prié de tenir compte de l'erratum (relatif à la leçon 5) qui se trouve à la fin du premier volume.

absolue exercée sur M par les éléments matériels en question : d'après le principe de l'indépendance des forces et le théorème de Coriolis, on a :

$$(F) = (F') + (R).$$

la force (F') est dite la force active, et (R) la force réactive ou réaction qui s'exercent à l'instant t sur M.

Les réactions étant des forces absolues, toute hypothèse faite sur ces forces est indépendante du choix des axes $oxyz$. Ceci posé, le système S, par définition, est dit sans frottement, si le travail virtuel des réactions est nul [1]. La connaissance des forces actives suffit alors à déterminer et le mouvement du système (une fois données les conditions initiales à l'instant t_0) et les réactions. A chaque instant t, pour une position et une vitesse donnée des points de S, les réactions sont connues sans intégration en fonction des forces actives ; si on veut encore, rapportons la position de S à k paramètres indépendants q_j ; les réactions sont données explicitement en fonction des multiplicateurs de Lagrange $\lambda_1, \dots \lambda_p$, et ces derniers s'expriment en fonction linéaire des composantes X', Y', Z' des forces actives F', les coefficients de ces fonctions linéaires renfermant, sous forme connue, les q_j, les q'_j et t. (Voir la première partie, leçons IV et V).

J'ajoute que la connaissance du travail virtuel des forces actives suffit, dans le cas qui nous occupe, à déterminer le mouvement (Autrement dit, le système S étant sans frottement, quand on remplace les forces actives données par d'autres forces ayant même travail virtuel que les premières, le mouvement reste le même ; les réactions sont seules modifiées. C'est pourquoi, étant donné un système sans frottement S, nous convenons d'appeler systèmes de forces équivalents deux systèmes de forces ayant respectivement même travail virtuel. Par exemple, si S est un solide libre, deux systèmes de forces équivalents seront deux systèmes de segments géométriquement équivalents.

Considérons maintenant un système S qui ne répond plus à la condition précédente, c'est à dire pour lequel le travail virtuel des réactions n'est plus constamment nul. Soit (R) la réaction qui s'exerce à l'instant t sur les points M de S, (R') celle qui s'exercerait sur le même point, si le système S, placé à l'instant t

---

[1] Et cela quelles que soient les conditions du système à l'instant quelconque t, et les forces actives qui s'exercent sur lui

dans les mêmes conditions initiales, et soumis aux mêmes forces actives, était sans frottement. Par définition, la force (R') est la force de liaison, et la différence géométrique $(\rho) = (R) - (R')$, est la force de frottement qui s'exerce à l'instant t sur M.

Les segments (ρ) et (R') jouissent, quelles que soient les lois du frottement, de propriétés géométriques remarquables; on a d'abord:

$$\sum \frac{R^2}{m} = \sum \frac{R'^2}{m} + \sum \frac{\rho^2}{m}$$

De plus, si on fait subir à chaque point M de S le déplacement géométrique $\underset{m}{\rho}\, \delta t$, l'ensemble de ces déplacements constitue un déplacement virtuel de S.

On montre aisément d'ailleurs qu'étant donné un système quelconque de forces, soit (R), appliqué aux différents points M de S, on peut toujours, et cela d'une seule façon, décomposer une force (R) en deux segments (ρ) et (R') tels que les deux systèmes (ρ) et (R') satisfassent aux deux conditions suivantes: 1° — Le travail virtuel des (R') est nul, 2° — le déplacement de S où chaque point M subit le déplacement $\underset{m}{(\rho)}\,\delta t$ est un déplacement virtuel.

Il est donc loisible encore de définir ainsi les forces de frottement: on décompose les réactions (R) en deux tels systèmes de segments (ρ) et (R'), et on donne aux segments (ρ) le nom de forces de frottement, et aux segments (R') le nom de forces de liaison.

Quand on adopte cette dernière définition, on revient à la première en montrant que les forces (R') s'expriment de la même manière en fonction des q_i, q'_i de t, et des X', Y', Z' quelles que soient les lois du frottement, et coïncident avec les réactions qui s'exerceraient s'il n'y avait pas de frottement.

Forme des lois du Frottement.

Dans les applications, les forces actives sont données. Si on connaît d'autre part le travail virtuel des réactions, travail qui ne diffère pas de celui des forces de frottement, on connaît les seconds membres $Q_i\,(q_i \ldots q'_i \ldots t)$, des k équations de Lagrange, qui définissent (en fonction du temps et des conditions initiales) les k paramètres $q_1, \ldots q_k$ indépendants dont dépend la position de S. Inversement, les équations de la mécanique ne détermineront le mouvement qu'autant que les données suffiront en définitive au calcul des C_j $(q_i, q_i \ldots t)$, c'est à dire au calcul du travail virtuel tant des forces actives que des forces de frottement.

Examinons d'abord sur quelques cas particuliers la forme des lois du frottement et la manière dont elles permettent d'étudier le mouvement.

Mouvement d'un point sur une courbe. Comme premier exemple, traitons le cas d'un point mobile à l'intérieur d'un tube matériel fixe. Si on applique à ce cas particulier la définition générale du frottement, on trouve que la force de frottement et la force de liaison coïncident respectivement avec la composante tangente à la courbe et avec la composante normale de la réaction. La composante normale est d'ailleurs la même que s'il n'y avait pas frottement.

Quelles sont, dans ce cas particulier, les lois expérimentales du frottement ? Le point M occupant à l'instant t une position déterminée sur C, avec une vitesse donnée, l'expérience montre que la force de frottement R_t est toujours opposée à la vitesse de M et proportionnelle à la réaction normale R_n : $R_t = f \cdot R_n$. Le coefficient f qui a priori peut dépendre de q_i et de q_i est sensiblement indépendant de la vitesse. La loi énoncée suppose que la vitesse de M n'est pas nulle : quand elle est nulle, la force de frottement est directement opposée à la composante tangentielle F''_t de la force active ; elle est égale à cette composante si (en valeur absolue) F''_t est moindre que $f R_n$, et égale à $f R_n$ dans le cas contraire ; elle arrête le mouvement dans le premier cas et le retarde dans le second : le frottement est dit alors frottement au repos ou au départ.

Si le tube matériel C, au lieu d'être fixe, se déplace ou se déforme quand le temps varie, les forces de frottement et de liaison sont toujours les composantes tangente et normale à C de la réaction. D'autre part, soit P l'élément matériel de C qui coïncide à l'instant t avec M, soit (v') sa vitesse et (v) celle de M ; appelons enfin vitesse du point M sur la courbe la différence géométrique $(v) - (v') = (v_r)$ [1] : la force de frottement R_t est directement opposée à (v_r) et égale à $f(q_i, t) R_n$. Quand v_r est

______

[1] La grandeur v_r, qui est tangente à C, est la vitesse relative de M par rapport à P, c'est à dire par rapport à des axes quelconques dont l'origine coïncide constamment avec P.

nulle, soit (γ') l'accélération[1] de Γ', et soit $(\Phi) = (F') - m(\gamma')$; la force de frottement est directement opposée à la composante Φ_t de Φ tangente à C, et égale à cette composante ou à $f R_n$, suivant qu'on a $\Phi_t < f R_n$ ou $\Phi_t > f R_n$; dans la première hypothèse, le frottement maintient M en adhérence avec le même élément P du tube C.

D'après cela, quelles seront les équations du mouvement ? La courbe C étant définie par les relations :

$$(1) \qquad f(x, y, z, t) = 0, \qquad g(x, y, z, t) = 0,$$

on a :

$$
m \frac{d^2 x}{dt^2} = X' + \rho_x + \lambda \frac{\partial f}{\partial x} + \mu \frac{\partial g}{\partial x}
$$
$$
(A) \qquad m \frac{d^2 y}{dt^2} = Y' + \rho_y + \lambda \frac{\partial f}{\partial y} + \mu \frac{\partial g}{\partial y}
$$
$$
m \frac{d^2 z}{dt^2} = Z' + \rho_z + \lambda \frac{\partial f}{\partial z} + \mu \frac{\partial g}{\partial z}.
$$

ρ_x, ρ_y, ρ_z, désignent les composantes de la force de frottement. Pour trouver leur expression, servons nous des équations de la courbe pour calculer x, y, z en fonction d'un paramètre q et du temps, en choisissant le paramètre q de façon qu'à une valeur constante de q corresponde le même élément matériel du tube C;[2] soit :

$$(2) \qquad x = \varphi(q, t), \quad y = \psi(q, t), \qquad z = \chi(q, t),$$

les expressions de x, y, z en t, q. Les composantes de v_r sont :

---

[1] Soit $P x, y, z$, des axes quelconques dont l'origine coïncide constamment avec P; l'accélération de M par rapport à ces axes, est égale, à l'instant t, à $(\gamma) + (\gamma')$, puisque v_r est nulle, et la force active, relative à $P x, y, z$, qui s'exerce sur M est équipollente à (Φ).

---

[2] Il suffit pour cela de rapporter x, y, z à un paramètre q quelconque pour une certaine valeur t_0 de t, et d'écrire les égalités (2) qui définissent le mouvement de l'élément matériel de C qui à l'instant t_0 correspond à une valeur déterminée de q.

$$\frac{\partial x}{\partial q}\, q', \qquad \frac{\partial y}{\partial q}\, q', \qquad \frac{\partial z}{\partial q}\, q'.$$

Si, à l'instant t, le point M occupe sur C une position q quelconque, et si q' est différent de zéro, posons:

$$\alpha = \frac{\dfrac{\partial x}{\partial q}}{\sqrt{\left(\dfrac{\partial x}{\partial q}\right)^2+\left(\dfrac{\partial y}{\partial q}\right)^2+\left(\dfrac{\partial z}{\partial q}\right)^2}}\,, \qquad \beta = \frac{\dfrac{\partial y}{\partial q}}{\sqrt{\left(\dfrac{\partial x}{\partial q}\right)^2+\left(\dfrac{\partial y}{\partial q}\right)^2+\left(\dfrac{\partial z}{\partial q}\right)^2}} \qquad \gamma = \frac{\dfrac{\partial z}{\partial q}}{\sqrt{\left(\dfrac{\partial x}{\partial q}\right)^2+\left(\dfrac{\partial y}{\partial q}\right)^2+\left(\dfrac{\partial z}{\partial q}\right)^2}}$$

ρ_x, ρ_y, ρ_z, sont donnés par les égalités :

$$\rho_x = \varepsilon f R_n \alpha, \qquad \rho_y = \varepsilon f R_n \beta, \qquad \rho_z = \varepsilon f R_n \gamma$$

Avec. $\quad R_n = + \sqrt{\left(\lambda\dfrac{\partial f}{\partial x}+\mu\dfrac{\partial g}{\partial x}\right)^2+\left(\lambda\dfrac{\partial f}{\partial y}+\mu\dfrac{\partial g}{\partial y}\right)^2+\left(\lambda\dfrac{\partial f}{\partial z}+\mu\dfrac{\partial g}{\partial z}\right)^2}\,;$

ε est égal à $+1$ si q' est négatif, et à -1 si q' est positif.

On peut calculer λ et μ en fonction de t, q, q' d'après (2) il suffit pour cela, de multiplier les trois équations respectivement par $\frac{\partial f}{\partial x}, \frac{\partial f}{\partial y}, \frac{\partial f}{\partial z}$ (ou par $\frac{\partial g}{\partial x}, \frac{\partial g}{\partial y}, \frac{\partial g}{\partial z}$) et de faire la somme : λ, μ s'obtiennent ainsi linéairement en fonction des X', Y', Z', les coefficients dépendant de t, q, q'. Si on porte ces valeurs dans l'expression de R_n, et si on pose

$$(B) \qquad Q = X'\frac{\partial x}{\partial q}+Y'\frac{\partial y}{\partial q}+Z'\frac{\partial z}{\partial q}+\varepsilon f R_n \sqrt{\left(\frac{\partial x}{\partial q}\right)^2+\left(\frac{\partial y}{\partial q}\right)^2+\left(\frac{\partial z}{\partial q}\right)^2}\,,$$

Q est connu en fonction de X', Y', Z' et de t, q, q' par suite en fonction de t, q, q' et le mouvement de M est défini par l'équation de Lagrange :

$$\frac{d}{dt}\frac{\partial T}{\partial q'}-\frac{\partial T}{\partial q} = Q$$

Les égalités précédentes s'appliquent tant que q' n'est pas nul. Si q' est nul, ε n'est plus déterminé ; et c'est à la loi de frottement au repos qu'il faut avoir recours ; soit :

$$\Phi_t = \left(X'-\frac{\partial^2 x}{\partial t^2}\right)\alpha+\left(Y'-\frac{\partial^2 y}{\partial t^2}\right)\beta+\left(Z'-\frac{\partial^2 z}{\partial t^2}\right)\gamma,$$

on a :

dans l'hypothèse : $|\Phi_t| \leqslant f R_n$,

$$\rho_x = -\Phi_t \alpha, \qquad \rho_y = -\Phi_t \beta, \qquad \rho_z = -\Phi_t \gamma,$$

et dans l'hypothèse : $|\Phi_t| \geqslant f R_n$,

$$\rho_x = \varepsilon f R_n \alpha, \qquad \rho_y = \varepsilon f R_n \beta, \qquad \rho_z = \varepsilon f R_n \gamma,$$

ε étant égal à -1 ou à $+1$, suivant que Φ_t' est positif ou négatif.

On voit que dans tous les cas, la force de frottement est déterminée à l'instant t quand on connaît les conditions initiales t, q, q' du point M et la force active (F') qui s'exerce sur lui à l'instant t; il convient de remarquer que, quand q' est différent de zéro, (ρ) est déterminée en fonction des multiplicateurs de Lagrange λ, μ; autrement dit, (ρ) ne dépend que de la composante normale à C de la force active; au contraire, si q' est nul, les composantes de (ρ) sont (pour t, q donnés) des fonctions continues de X', Y', Z' qui ont une expression analytique différente suivant que les X', Y', Z' satisfont à une certaine inégalité $\Omega < 0$, ou à l'inégalité contraire; dans le premier domaine, ρ_x, ρ_y, ρ_z, s'expriment en fonction de la composante tangentielle F_t' de F', et ont une valeur telle que q'' soit nul; dans le second domaine, ce sont les mêmes fonctions de la composante normale que si la vitesse relative v_r n'était pas nulle mais dirigée dans le sens où M se met en mouvement sur C; les deux expressions se raccordent sur la limite $\Omega = 0$ des deux domaines [v]

---

[v] Par exemple, si (C) est un tube rectiligne invariable, soit l'axe des x, la force de frottement ρ_x est une fonction $\mathcal{P}(x, X', Y', Z')$ définie dans tous les cas par les formules suivantes :

pour $x' > 0$, $\mathcal{P}(x, X', Y', Z') = -f(x)\sqrt{y'^2 + z'^2}$

pour $x' < 0$, $\mathcal{P}(x, X', Y', Z') = +f(x)\sqrt{y'^2 + z'^2}$

pour $x' = 0$, $\mathcal{P}(x, X', Y', Z') = \begin{cases} -f(x)\sqrt{y'^2 + z'^2} & \text{pour } X' > f(x)\sqrt{y'^2 + z'^2} \\ +f(x)\sqrt{y'^2 + z'^2} & \text{pour } X' < -f(x)\sqrt{y'^2 + z'^2} \\ -X' & \text{pour } X'^2 < f^2(x)(y'^2 + z'^2) \end{cases}$

Mouvement d'un point sur une surface. — Des remarques analogues s'appliquent au mouvement d'un point sur une surface imparfaitement polie. Nous avons déjà parlé (1ère Partie, pages 60-68) des cas où la surface matérielle est invariable. Plaçons-nous dans le cas général d'une surface Σ qui varie ou non avec le temps. Soit P l'élément matériel de Σ qui coïncide à l'instant t avec le mobile M; appelons vitesse du point sur la surface la différence géométrique $(v_r) = (v) - (v')$ des deux vitesses (v) et (v') de M et de P: la force de frottement coïncide, d'après la définition générale, avec la composante (R_t) tangente à Σ de la réaction (R), et la force de liaison avec la composante normale (R_n), et l'expérience montre que (R_t) est (en chaque points de Σ et à chaque instant) directement opposée à (v_r) et proportionnelle en grandeur à R_n:

$$R_t = f(q_1, q_2, t) R_n,$$

f ne dépendant pas sensiblement de la vitesse.

Quand v_r est nulle, soit (γ) l'accélération de P, et soit: $(\Phi) = (F') - (\gamma)$; (R_t) est directement opposée à la composante (Φ_t) de (Φ) tangente à Σ et égale en grandeur à (Φ_t) ou à $f R_n$, suivant qu'on a: $|\Phi_t| < f R_n$, ou $|\Phi_t| > f R_n$; dans le premier cas, le frottement maintient M en adhérence avec P; dans le second cas, il retarde le mouvement relatif de M par rapport à P.

Soit $f(x, y, z, t) = 0$ l'équation de la surface Σ; rapportons, pour chaque instant t, la position de M à deux paramètres q_1, q_2 tels que le même élément matériel de Σ corresponde, quel que soit t, à des valeurs constantes de q_1, q_2. Le mouvement de M sera défini par les égalités:

$$m \frac{d^2 x}{dt^2} = X' + \rho_x + \lambda \frac{\partial f}{\partial x}$$

$$m \frac{d^2 y}{dt^2} = Y' + \rho_y + \lambda \frac{\partial f}{\partial y}$$

$$m \frac{d^2 z}{dt^2} = Z' + \rho_z + \lambda \frac{\partial f}{\partial z}$$

où ρ_x, ρ_y, ρ_z sont les composantes d'un segment tangent à Σ

en M; quelle que soit la loi de frottement, on a :

$$\lambda\left[\left(\frac{\partial f}{\partial x}\right)^2 + \left(\frac{\partial f}{\partial y}\right)^2 + \left(\frac{\partial f}{\partial z}\right)^2\right] = -m \left\{\frac{\partial f}{\partial x}x' + \frac{\partial f}{\partial y}y' + \frac{\partial f}{\partial z}z' + \frac{\partial f}{\partial t}\right\}_{(2)} \cdot \left(X'\frac{\partial f}{\partial x} + Y'\frac{\partial f}{\partial y} + Z'\frac{\partial f}{\partial z}\right),$$

et comme :

$$R_n = |\lambda|\sqrt{\left(\frac{\partial f}{\partial x}\right)^2 + \left(\frac{\partial f}{\partial y}\right)^2 + \left(\frac{\partial f}{\partial z}\right)^2},$$

on connaît ainsi R_n en fonction de t, q, q' et des X', Y', Z'.

Pour tenir compte de la loi du frottement, appelons α, β, γ les cosinus directeurs de la demi-direction

$$\frac{\partial x}{\partial q_1}q'_1 + \frac{\partial x}{\partial q_2}q'_2, \qquad \frac{\partial y}{\partial q_1}q'_1 + \frac{\partial y}{\partial q_2}q'_2, \qquad \frac{\partial z}{\partial q_1}q'_1 + \frac{\partial z}{\partial q_2}q'_2 ;$$

appelons de même $a, b, c,$ et $a', b', c',$ les cosinus directeurs des deux demi-directions :

$$\frac{\partial x}{\partial q_1}, \frac{\partial y}{\partial q_1}, \frac{\partial z}{\partial q_1}, \qquad \text{et} \qquad \frac{\partial x}{\partial q_2}, \frac{\partial y}{\partial q_2}, \frac{\partial z}{\partial q_2}.$$

Si q'_1 et q'_2 ne sont pas nuls tous les deux, on a :

$$\rho_x = -\alpha\, f R_n, \qquad \rho_y = -\beta\, f R_n, \qquad \rho_z = -\gamma\, f R_n.$$

Si q'_1 et q'_2 sont nuls, les expressions précédentes sont indéterminées ; c'est le cas du frottement au repos ; posons :

$$\Phi_1 = a\left(X - \frac{\partial^2 x}{\partial t^2}\right) + b\left(Y - \frac{\partial^2 y}{\partial t^2}\right) + c\left(Z - \frac{\partial^2 z}{\partial t^2}\right), \qquad \Phi_2 = a'\left(X - \frac{\partial^2 x}{\partial t^2}\right) + b'\left(Y - \frac{\partial^2 y}{\partial t^2}\right) + c'\left(Z - \frac{\partial^2 z}{\partial t^2}\right)$$

$$\Phi_t = + \sqrt{\Phi_1^2 + \Phi_2^2 + 2\Phi_1\Phi_2(aa' + bb' + cc')} ; \text{ on a :}$$

$$\rho_x = -(\alpha\Phi_1 + a'\Phi_2), \qquad \rho_y = -(b\Phi_1 + b'\Phi_2), \qquad \rho_z = -(c\Phi_1 + c'\Phi_2)$$

dans l'hypothèse : $\Phi_t \leqslant f R_n$, et :

$$\rho_x = -f R_n \frac{(a\Phi_1 + a'\Phi_2)}{\Phi_t}, \qquad \rho_y = -f R_n \frac{(b\Phi_1 + b'\Phi_2)}{\Phi_t}, \qquad \rho_z = -f R_n \frac{(c\Phi_1 + c'\Phi_2)}{\Phi_t}$$

dans l'hypothèse : $\varphi_t \geqslant f R_n$

Si on représente par $Q_1 \, \delta q_1 + Q_2 \, \delta q_2$ le travail virtuel des forces actives et des forces de frottement, on voit que Q_1 et Q_2 sont des fonctions déterminées de t, q_1, q_2, q'_1, q'_2 et de X', Y', Z', une fois connues, la surface Σ et la loi de frottement correspondante. Il suffit de remplacer, dans Q_1 et Q_2, X', Y', Z' par les fonctions données de q_1, q_2, q'_1, q'_2, t et d'écrire les deux équations de Lagrange :

$$\frac{d}{dt}\,\frac{\partial T}{\partial q'_1} - \frac{\partial T}{\partial q_1} = Q_1 \, , \qquad \frac{d}{dt}\frac{\partial T}{\partial q'_2} - \frac{\partial T}{\partial q_2} = Q_2 \, ,$$

pour déterminer le mouvement.

Forme générale des lois de frottement. — Considérons maintenant un système quelconque S de n points matériels assujettis à certaines liaisons matérielles : il résulte de l'observation et de l'expérience que, le système S étant, à l'instant t, placé dans des conditions initiales déterminées et soumis à des forces actives déterminées, les accélérations (γ) de ses différents points (à l'instant t) sont déterminées, les réactions $(R) \equiv m\,(\gamma) - (F')$, et par suite les forces de frottement et de liaisons, sont donc elles-mêmes déterminées ; autrement dit, pour un système S donné, les composantes $\varphi_x, \varphi_y, \varphi_z$ des forces de frottement (φ) sont des fonctions de t, des q_i, q'_i et des X', Y', Z'.

Quand les conditions initiales sont quelconques, ces fonctions satisfont à une restriction importante : elles ne renferment les X', Y', Z' que par les combinaisons qui définissent les forces de liaison (R'), autrement dit, les $\varphi_x, \varphi_y, \varphi_z$ sont des fonctions de t, des q_i, q'_i et des R'_x, R'_y, R'_z, ces dernières variables étant elles-mêmes des fonctions des q_i, q'_i, t et des X', Y', Z', indépendantes de la loi de frottement [3]. La remarque précédente est en défaut pour des conditions initiales particulières c'est à dire pour des valeurs des q_i, q'_i, t qui satisfont à certaines conditions, ces conditions expriment toujours que deux au moins des éléments matériels qui frottent l'un sur l'autre ont une vitesse relative nulle.

Écrivons, d'après cela, les équations qui définissent le mouvement. Les liaisons de S se traduisent par p relations distinctes

$$(1) \qquad f_j \, (t ; x_1, y_1, z_1, \ldots\ldots x_n, y_n, z_n) = 0 \qquad (j = 1, 2, \ldots p),$$

et nous supposons (ce qui est toujours possible) qu'un au moins des déterminants fonctionnels des f_j relatifs à p des $3n$ variables x, y, z,

---

⁽¹⁾ Ceci suppose toutefois que les liaisons matérielles ne sont pas surabondantes. Les liaisons matérielles sont surabondantes quand on peut les simplifier sans changer les liaisons géométriques.

n'est pas nul pour toute position de S. Servons-nous des relations (1) pour définir les x, y, z en fonction de $3n - p = k$ paramètres distincts $q_1, \ldots q_k$ et du temps. Le mouvement de S vérifie les $3n$ équations (voir première partie, page 75) :

$$(A)\begin{cases} m\dfrac{d^2x}{dt^2} = X' + \rho_x + R'_x = X' + m\mu_1\dfrac{\partial x}{\partial q_1} + \cdots + m\mu_k\dfrac{\partial x}{\partial q_k} + \lambda_1\dfrac{\partial f_1}{\partial x} + \cdots + \lambda_p\dfrac{\partial f_p}{\partial x}, \\[2ex] m\dfrac{d^2x}{dt^2} = Y' + \rho_x + R'_y = Y' + m\mu_1\dfrac{\partial y}{\partial q_1} + \cdots + m\mu_k\dfrac{\partial y}{\partial q_k} + \lambda_1\dfrac{\partial f_1}{\partial y} + \cdots + \lambda_p\dfrac{\partial f_p}{\partial y}. \\[2ex] m\dfrac{d^2z}{dt^2} = Z' + \rho_z + R'_z = Z + m\mu_1\dfrac{\partial z}{\partial q_1} + \cdots + m\mu_k\dfrac{\partial z}{\partial q_k} + \lambda_1\dfrac{\partial f_1}{\partial z} + \cdots + \lambda_p\dfrac{\partial f_p}{\partial z}, \end{cases}$$

et d'après ce qui précède, $\mu_1, \ldots \mu_k$ sont des fonctions des q_i, q'_i, t et de $\lambda_1, \ldots \lambda_p$, fonctions qui doivent être calculées empiriquement. Ces fonctions sont mal déterminées pour des conditions initiales q_i, q'_i, t particulières, satis-faisant à certaines relations :

$$(2) \quad g(t, q_1 \cdots q_k, q'_1 \cdots q'_k) = 0, \qquad h(t, q_1 \cdots q_k, q'_1 \cdots q'_k) = 0 , \text{ etc} ;$$

pour ces valeurs (soit q_i°, $q_i'^\circ$, t°) qui correspondent au cas du frottement au repos, les coefficients $\mu_1, \ldots \mu_k$ sont des fonctions des X, Y, Z, continues mais ayant des expressions analytiques différentes suivant que les X, Y, Z, satisfont ou non à certaines inégalités (qui dépendent des valeurs particulières q_i°, $q_i'^\circ$, t° considérées). Tant que les X', Y', Z' sont compris dans un certain domaine, les forces de frottement sont telles que les égalités (2) (ou au moins certaines d'entre elles) soient constamment vérifiées ; quand les X, Y, Z sortent de ce domaine, les relations (2) ne sont plus vérifiées à l'instant $t_0 + dt$, et les valeurs de $\mu_1, \ldots \mu_k$ à l'instant t_0 sont les limites (pour $dt = 0$) des valeurs de $\mu_1 \ldots \mu_k$, à l'instant $t_0 + dt$, dans le mouvement de S, ou si l'on veut, les limites des fonctions :

$$\mu(t, q_1 \cdots q'_k, \lambda_1, \ldots \lambda_p),$$

où on exprime toutes les lettres en fonction de t, et où on fait tendre t vers t_0.

Nous dirons qu'on connaît la loi de frottement du système S quand les données expérimentales définissent les coefficients $\mu_1, \ldots \mu_k$ en fonction de $\lambda_1, \ldots \lambda_p$, pour des conditions initiales q, q', t quelconques, et pour les conditions initiales particulières (2), en fonction des X, Y, Z.

Quand on connaît la loi de frottement de S, le mouvement

de S est déterminé par les équations (A) jointes aux équations (1). Les λ se calculent en fonction des X', Y', Z' et des variables q, q', t sans que la loi de frottement intervienne (voir 1ère partie, 6ᵉ leçon) ; les μ sont donc connus en fonction des mêmes variables, d'après la loi de frottement, et par suite le travail $\Sigma Q_i \, \delta q_i$ des forces actives et des forces de frottement :

$$Q_i = G_i \left(t, q_1 \dots q_k, q'_1 \dots q'_k, X'_1, Y'_1, Z'_1 \dots X'_n, Y'_n, Z'_n \right).$$

Le système matériel S étant donné avec sa loi de frottement, on peut calculer les fonctions G_i une fois pour toutes ; et le mouvement du système est défini (pour des forces actives données) par les équations de Lagrange :

$$\frac{d}{dt} \frac{\partial T}{\partial q'_i} - \frac{\partial T}{\partial q_i} = Q_i \qquad (i = 1, 2 \dots k).$$

Dans les deux cas particuliers traités tout d'abord, la définition générale du frottement est adéquate à notre notion vulgaire de frottement. Dans les cas plus compliqués, la correspondance est moins immédiate, mais elle ressort des remarques suivantes sur la combinaison des liaisons.

Remarques sur la combinaison des liaisons. — Traitons d'abord un exemple simple.

Exemple. — On considère deux points matériels pesants M et M_1, de masse égale à l'unité ; reliés par une tige rigide et sans masse ; le point M est assujetti à glisser dans un tube rectiligne horizontal Ox qui est dépoli et dont le coefficient de frottement est un nombre f plus petit que 1. Mouvement du système lancé dans le plan vertical xoy.

Le mouvement a lieu dans le plan xoy. La réaction R_1 qui s'exerce sur le point M_1 est la réaction de la tige sur M_1 ; la réaction R qui s'exerce sur M est la somme géométrique de la réaction de la tige $(-R_1)$ et de la réaction du tube ox, soit (R'). Pour que S soit sans frottement, il faut et il suffit, d'après la définition générale, que (R') soit normale à ox. Comme (R') est oblique sur ox, il y a frottement.

Étudions la corrélation qui existe entre les forces R, R_x, R_y et les forces de liaisons et de frottement déterminées dans ce cas particulier par la définition générale. Si S était sans frottement, pour des conditions initiales données R_1 aurait une certaine valeur f soit ρ_1, que nous comptons positivement dans le sens MM_1, et R' serait normale à ox et aurait une certaine valeur Y'. Les forces de liaison sont donc ici (ρ_1)

pour M_1, et $(\rho') = -(\rho'_1) + (Y')$ pour M ; les forces de frottement sont $\rho_1 = R_1 - \rho'_1$ pour M_1, et $\rho = -(\rho_1) + (R') - (Y') = -(\rho_1) + (\sigma)$ pour M. On sait d'ailleurs que les déplacements $(\rho)\,\delta t$ et $(\rho_1)\,\delta t$ de M et de M_1 constituent un déplacement virtuel de S ; le segment (ρ) doit donc avoir ox comme ligne d'action, c'est-à-dire qu'on a (en appelant θ l'angle $x\,M\,M_1$) :

$$\text{(a)} \qquad -\rho_1 \sin\theta + R'_y - Y' = 0 ;$$

de plus, dans un déplacement virtuel de S, les projections sur $M\,M_1$ des déplacements de M et de M_1 sont égales ; d'où la relation :

$$\text{(b)} \qquad (-\rho_1 \cos\theta + R'_x)\cos\theta = \rho_1 ;$$

des équations (a), (b), on tire :

$$\rho_1 = \frac{R'_x \cos\theta}{1 + \cos^2\theta} , \qquad Y' = R'_y - \frac{R'_x \cos\theta \sin\theta}{1 + \cos^2\theta} ;$$

les forces de frottement sont donc ici : pour le point M, une force ρ_x dirigée suivant ox et égale à $\dfrac{R'_x}{1 + \cos^2\theta}$, et pour le point M_1 une force dirigée suivant MM_1 est égale à $\dfrac{R'_x \cos\theta}{1 + \cos^2\theta}$ (si on la compte positivement dans le sens $M\,M_1$).

On voit que ces forces ne se réduisent pas à la composante tangentielle R'_x de la réaction (R') du tube ox, et la raison en est que la rugosité du tube non seulement donne une composante tangentielle à (R'), mais modifie les réactions de la tige $M\,M_1$ et la réaction normale R'_y du tube.

Quant aux forces de liaison, elles se composent pour le point M_1 de la force $\rho'_1 = \left(R_1 - \dfrac{R'_x \cos\theta}{1 + \cos^2\theta}\right)$ dirigée selon MM_1, et pour le point M des deux forces :

$$-(\rho'_1) \quad \text{et} \quad Y' = R' - \frac{R'_x \cos\theta \sin\theta}{1 + \cos^2\theta} ,$$

(cette dernière dirigée suivant oy).

Si on pose :

$$Y' = \lambda , \qquad \rho'_1 = \lambda_1 , \qquad \frac{R'_x}{1 + \cos^2\theta} = \mu ,$$

on voit que les composantes des forces de liaison et de frottement peuvent s'écrire pour le point M :

$$P'_x = -\lambda_1 \cos\theta \qquad\qquad P_x = \mu$$
$$P'_y = -\lambda_1 \sin\theta + \lambda \qquad\qquad P_y = 0 \; ,$$

et pour le point M_1 :

$$(P'_1)_x = \lambda_1 \cos\theta \qquad\qquad (P_1)_x = \mu \cos^2\theta$$

$$(P'_1)_y = \lambda_1 \sin\theta \qquad\qquad (P_1)_y = \mu \cos\theta \sin\theta$$

Quant à la loi expérimentale de frottement qui lie R'_x et R'_y, elle exprime que μ est de signe contraire à x' et vérifie l'égalité :

$$|\mu| = f |\lambda + \mu \sin\theta \cos\theta| ;$$

cette dernière égalité se décompose en deux autres :

$$(c) \qquad\qquad \mu = \frac{-f\lambda}{1 + \cos^2\theta + f \sin\theta \cos\theta} \qquad ou \qquad \mu = \frac{+f\lambda}{1 + \cos^2\theta - f \sin\theta \cos\theta} .$$

On voit que la connaissance de la loi de frottement du point M sur le tube ox permet de calculer la loi de frottement du système S obtenu en combinant cette première liaison avec la liaison sans frottement qui maintient M et M_1 à une distance invariable.

Le mouvement du système S sera déterminé par les équations

$$(d) \qquad
\begin{cases}
\dfrac{d^2x}{dt^2} = \mu - \lambda_1 \cos\theta & \dfrac{d^2y}{dt^2} = g - \lambda_1 \sin\theta + \lambda \\[3mm]
\dfrac{d^2x_1}{dt^2} = \mu \cos^2\theta + \lambda_1 \cos\theta & \dfrac{d^2y_1}{dt^2} = g + \mu \cos\theta \sin\theta + \lambda_1 \sin\theta
\end{cases}$$

jointes aux deux équations de liaison :

$$(e) \qquad y = 0 , \qquad\qquad (x - x_1)^2 + (y - y_1)^2 = r^2$$

$$\left(\theta \text{ désigne l'angle dont la tangente est } \frac{y_1 - y}{x_1 - x} \right)$$

Si on exprime les coordonnées de M et de M_1 en fonction des deux paramètres x et θ, d'après (e), et si on porte dans les équations (d), on trouve, en éliminant x'' et θ'' :

$$\lambda_1 = \frac{-(r\theta'^2 + q\sin\theta)}{1+\cos^2\theta}, \qquad \lambda = \frac{-(2g + r\theta'^2\sin\theta)}{1+\cos^2\theta},$$

valeurs indépendantes de μ conformément à la théorie (voir première partie page 55) ; elles sont les mêmes que si le système était sans frottement.

Plus généralement, si les points M et M_1, au lieu d'être pesants, sont soumis à des forces actives quelconques (X, Y) et (X_1, Y_1), on a :

$$(h) \begin{cases} \lambda_1 = -\dfrac{(r\theta'^2 + (X_1 - X)\cos\theta + Y_1\sin\theta)}{1+\cos^2\theta} \\[2mm] \lambda = \lambda_1\sin\theta - Y = -(Y+Y_1) + \dfrac{2\cos\theta(Y_1\cos\theta - X_1\sin\theta) + (X+X_1)\sin\theta\cos\theta - r\sin\theta\,\theta'^2}{1+\cos^2\theta} ; \end{cases}$$

les deux équations qui définissent le mouvement sont :

$$(i) \begin{cases} x''(1+\cos^2\theta + \varepsilon f\sin\theta\cos\theta) = r\theta'^2(\cos\theta + \varepsilon f\sin\theta) + X + X_1 + \varepsilon f(Y+Y_1) + (Y_1\cos\theta - X_1\sin\theta)(\sin\theta - \varepsilon f\cos\theta) \\[2mm] r\theta'' - x''\sin\theta = Y_1\cos\theta - X_1\sin\theta ; \end{cases}$$

ε étant égal à $+1$ ou à -1 suivant que l'expression λ_1, donnée par (h), a le signe de x' ou le signe contraire.

On voit que dans les équations (i) interviennent seulement $X+X_1$, $Y+Y_1$ et $Y_1\cos\theta - X_1\sin\theta$ [v]. Autrement dit, le mouvement ne change pas quand on remplace les forces actives par des forces géométriquement équivalentes. On pouvait prévoir ce résultat de la manière suivante : écrivons-nous de la liaison sans frottement :

$$(x-x_1)^2 + (y-y_1)^2 = r^2$$

pour exprimer la position de M et de M_1 en fonction des trois paramètres x, y, θ ; et écrivons les trois équations de Lagrange relatives à ces paramètres. Les réactions $R_1, -R_1$ s'éliminent, car leur travail est nul dans tout déplacement où r est constant ; de plus le travail des forces X, Y et X_1, Y_1, n[e]

---

[v] L'expression $r(Y_1\cos\theta - X_1\sin\theta)$ est le moment des forces actives par rapport au point M_1.

dépend que de leur somme géométrique et de leur moment. Il vient ainsi, en tenant compte de la liaison $y=0$,

$$(d') \begin{cases} 2x'' - r\theta'' \sin\theta = r \cos\theta\, \theta'^2 + X + X_1 + R'_x \\ r\theta'' \cos\theta = r \sin\theta\, \theta'^2 + Y + Y_1 + R'_y \\ r\theta'' - x'' \sin\theta = Y_1 \cos\theta - X_1 \sin\theta, \end{cases}$$

Si on exprime que R'_x est égal à $\varepsilon f R'_y$, ε étant égal à $+1$ ou à -1 suivant que $x'R'_y$ est négatif ou positif, on voit que les équations (d') déterminent à la fois le mouvement (pour des conditions initiales données) et les valeurs de R'_x et de R'_y, et cela en fonction des seuls éléments $X+X_1$, $Y+Y_1$, $(Y_1 \cos\theta - X_1 \sin\theta)$.

Dans ce qui précède nous avons laissé de côté le cas du frottement au repos, c'est-à-dire le cas où x' est nul. La loi empirique de frottement fait alors intervenir la composante tangentielle de toutes les forces autres que la réaction du tube ox, c'est à dire la composante $X - R_1 \cos\theta$, et il semble a priori que le mouvement puisse changer quand on ajoute, par exemple, aux forces actives deux forces appliquées en M et M_1, égales et directement opposées. Il n'en est rien. La loi de frottement au repos exprime qu'on a :

$$\text{ou bien, } R'_x = R_1 \cos\theta - X \qquad \text{avec } |R_1 \cos\theta - X| \leqslant f |R'_y|.$$
$$\text{ou bien } R'_x = \varepsilon f R'_y \qquad \text{avec } |R_1 \cos\theta - X| \geqslant f |R'_y|,$$

ε étant égal à $+1$ ou à -1 suivant que $R_1 \cos\theta - X$ est négatif ou positif.

$$\text{Or } R_1 \cos\theta - X = (\mu \cos\theta + \lambda_1) \cos\theta - X = \mu \cos^2\theta + \frac{\lambda \cos\theta + Y \cos\theta - X \sin\theta}{\sin\theta}$$

$$R'_y = \lambda + \mu \cos\theta \sin\theta, \qquad R'_x = \mu (1 + \cos^2\theta),$$

λ étant donné par la seconde égalité (h). On écrira donc l'égalité

$$\mu \cos^2\theta + \frac{\lambda \cos\theta + Y \cos\theta - X \sin\theta}{\sin\theta} = \mu (1 + \cos^2\theta),$$

c'est-à-dire : $\mu \sin\theta = Y \cos\theta - X \sin\theta + \lambda \cos\theta,$

où λ est remplacée par son expression (h), et on verra si la valeur de μ ainsi trouvée vérifie la condition

$$|\mu| (1 + \cos^2\theta) \leqslant f |\lambda + \mu \cos\theta \sin\theta|,$$

s'il en est ainsi x reste constant, et θ est défini en fonction de t par la seconde équation (i). Si au contraire l'inégalité précédente n'est plus vérifiée, on fait :

$$\mu = \frac{\mp f\lambda}{1 + \cos^2\theta \pm f \sin\theta \cos\theta} \; ;$$

le signe doit être choisi devant f de façon que μ soit de signe contraire à

$$\mu \cos^2\theta + \frac{\lambda \cos\theta + Y \sin\theta - X \sin\theta}{\sin\theta}\;,$$ et que de plus cette dernière expression soit plus grande en module que $f\,|\,\lambda + \mu\cos\theta\sin\theta\,|$, en un mot, de façon que μ soit de signe contraire à x''.

On voit que toute cette discussion ne fait intervenir que la somme géométrique et le moment des forces actives X, Y et X_1, Y_1.

On pouvait arriver à ce dernier résultat plus directement en traduisant ainsi la loi de frottement au repos : ou bien x reste constant (et dans ce cas R'_x est moindre en module que $f\,|\,R'_y\,|$), ou bien x varie quand le temps croît à partir de l'instant t considéré, et dans l'intervalle t à $t + \Delta t$, R'_x est toujours de signe contraire à x'' et égal en grandeur à $f\,|\,R'_y\,|$.

Pour tenir compte de cette loi, servons nous des équations (d'), en y faisant $x'' = 0$, on trouve :

$$R'_x = (X_1 \sin\theta - Y_1 \cos\theta) - (X + X_1) - r \cos\theta\,\theta'^2$$
$$R'_y = (Y_1 \cos\theta - X_1 \sin\theta) - (Y + Y_1) - r \sin\theta\,\theta'^2 \; ;$$

si la première expression est moindre en module que la seconde, x reste constant (tant que l'inégalité en question est remplie). Si cette inégalité n'est pas vérifiée, on remplace dans (d'), R'_x par $\pm f\,R'_y$, en choisissant le signe devant f de façon que R'_x soit de signe contraire à l'accroissement de x ; autrement dit, dans la première équation (i), où ε est égal à ± 1, le signe de ε doit être choisi de façon que les valeurs du second membre de cette équation et de $\varepsilon\lambda$ aient le même signe.[1]

En définitive, la connaissance du coefficient de frottement f du tube Ox permet de déterminer et le mouvement et la loi de frottement du

---

[1] Pour donner un exemple de la discussion à laquelle on est ainsi conduit, admettons que, le système n'étant soumis à aucune force active, on l'abandonne à l'instant t_0 dans les conditions initiales $x_0, \theta_0, x'_0 = 0$, $\theta'_0 < 0$, θ_0 étant compris entre 0 et $\frac{\pi}{2}$. Quand on annule x'', on a : $R'_x = - r \cos\theta\,\theta'^2$, $R'_y = - r \sin\theta\,\theta'^2$, et si $\cos\theta_0$ est moindre que $f \sin\theta_0$, x restera constant et θ décroîtra proportionnellement au temps jusqu'à la valeur θ_1 dont la tangente est égale à $\frac{1}{f}$. Mais la loi de frottement est également compatible avec l'hypothèse :

$$x''(1 + \cos^2\theta + \varepsilon f \sin\theta \cos\theta) = r\theta'^2(\cos\theta + \varepsilon f \sin\theta),$$

Painlevé, Frott^{nt} : n° 3.

système S. Ce mouvement, — tant dans le cas du frottement au repos que dans le cas du frottement de mouvement, — ne change pas quand on remplace les forces actives qui s'exercent sur le solide $M M_1$ par des forces géométriquement équivalentes.

Observons enfin qu'il est loisible d'exprimer dans les équations de Lagrange (d'), R'_x et R'_y en fonction des forces de liaison et de frottement de S. Dans un déplacement quelconque du système $M M_1$ (où $M M_1$ reste constant), le travail virtuel des forces de frottement est égal à :

$$\mu (1 + \cos^2 \theta)\, \delta x + \mu \sin \theta \cos \theta\, \delta y,$$

et le travail virtuel des forces de liaison est égal à $\lambda\, \delta y$.

Les équations (d') s'écrivent alors :

$$(D) \begin{cases} 2 x'' - r\theta'' \sin\theta = r \cos\theta\, \theta'^2 + X + X_1 + \mu (1 + \cos^2\theta) \\ r\theta'' \cos\theta = r \sin\theta\, \theta'^2 + Y + Y_1 + \mu \sin\theta \cos\theta + \lambda \\ r\theta'' - x'' \sin\theta = Y_1 \cos\theta - X_1 \sin\theta \end{cases}$$

équations auxquelles il faut joindre la loi de frottement :

$$\mu = \frac{-\varepsilon f \lambda}{1 + \cos^2 \theta + \varepsilon f \sin\theta \cos\theta}.$$

Il est clair qu'on ne change rien aux équations précédentes en remplaçant les forces de frottement (comme aussi les forces de liaison) par un système de forces géométriquement équivalentes : par exemple, il est loisible de réduire ici les forces de liaison et de frottement respectivement à une force unique et d'appeler force de liaison la réaction [2] $Y' - \lambda$ qu'exercerait sur M le tube Ox parfaitement poli, et force de frottement la différence $(\mathcal{G}) = (R') - (Y')$: la force de frottement est équivalente géométriquement à un système de vitesses virtuelles dans un certain déplacement virtuel de S. Elle a pour

pourvu qu'on ait $-\varepsilon \sin\theta_0 (\cos\theta_0 + \varepsilon f \sin\theta_0) > 0$. D'après cela, si on a :

$$\cos\theta_0 > \varepsilon f \sin\theta_0,$$

le mouvement du système est bien déterminé et correspond à la seconde hypothèse où ε est égal à -1 ; si au contraire on a : $\cos\theta_0 < \varepsilon f \sin\theta_0$,

x reste égal à x_0 et θ décroît proportionnellement au temps dans l'intervalle de temps t_0 à $t_0 + \frac{\theta - \theta_0}{\theta_0'}$. — Nous donnerons plus loin un autre exemple où les équations laissent le choix entre plusieurs mouvements.

Dans cette discussion de la loi de frottement de S, nous avons supposé $f < 1$; si f était plus grand que 1, des difficultés s'introduiraient relativement à la compatibilité des deux liaisons. C'est là un point sur lequel nous revenons plus loin.

---

(2) On passe en effet de Y' au système de segments (R') (Y') par l'addition de deux segments appliqués en M et M_1, égaux et directement opposés.

composante tangentielle R'_x , et elle fait avec l'axe des x , un angle ω dont la tangente est égale à $\dfrac{\cos\theta \sin\theta}{1+\cos^2\theta}$. Par-suite de la rugosité du tube , la réaction normale R'_y n'est plus égale à Y mais bien à $Y\dfrac{(1+\cos^2\theta)}{1+\cos^2\theta + 2f\sin\theta\cos\theta}$

Cas général — Considérons maintenant un système S de n points matériels M soumis à des liaisons quelconques , et imaginons qu'on puisse distinguer les obstacles matériels G qui s'opposent au libre mouvement de chaque point M en deux groupes d'obstacles G_1 et G_2 . La réaction (R) qui s'exerce sur le point M de S est la résultante des deux réactions (R_1) et (R_2) exercées respectivement sur M par les éléments G_1 et G_2 en contact avec lui. Admettons qu'on connaisse la loi de frottement des liaisons G_1 , c'est-à-dire la loi de frottement du système S_1 formé par les n points M gênés par les seuls obstacles G_1 [1] ; admettons de même qu'on connaisse aussi la loi de frottement des liaisons G_2 . Nous allons, de ces deux lois, déduire la loi de frottement de S . — Nous supposons , dans ce qui suit, que les liaisons G_1 et G_2 sont analytiquement et matériellement _compatibles_ . J'entends par là 1° que les liaisons G_1 et G_2 laissant au système respectivement $(3n-p_1)$ et $(3n-p_2)$ _degrés de liberté_ [2], les liaisons $G_1 + G_2$ laissent à S au moins $(3n-(p_1+p_2))$ degrés de liberté ; 2° que, le système S se trouvant à l'instant t dans des conditions initiales quelconques et étant soumis à des forces actives quelconques, les obstacles G_1 et G_2 peuvent exercer des réactions _finies_, conformes à leur loi de frottement et telles que toutes les liaisons G_1 et G_2 soient respectées. Si ces conditions n'étaient pas remplies , il serait impossible de combiner réellement les liaisons _matérielles_ G_1 et G_2 . Nous revenons d'ailleurs plus loin

---

(1) D'une façon précise nous admettons que S se trouvant à l'instant t dans des conditions initiales quelconques et étant soumis à des forces actives quelconques, on peut, (sans rien changer dans l'état des obstacles G_1 ni des points M) supprimer les éléments des obstacles G_2 voisins de chaque point M, à condition d'exercer sur chaque point M une nouvelle force active (équipollente à (R_2)), et nous supposons qu'on a déterminé la loi de frottement du système S_1 ainsi obtenu. Dans l'exemple traité antérieurement les obstacles G_1 et G_2 sont respectivement le tube Ox et la tige MM_1, le système S_1 est formé du point libre M_1 et du point M glissant sur Ox; on en connaît la loi de frottement ; le système S_2 est le solide libre MM_1, système sans frottement.

---

(2) On dit qu'un système S a k _degrés de liberté_, quand sa position dépend exactement de k paramètres indépendants . Dire que les liaisons G_1 laissent au système $(3n-p_1)$ degrés de liberté , c'est dire qu'elles se traduisent géométriquement par p_1 relations distinctes :

$$(\alpha) \qquad \varphi_i(x_1, y_1, z_1, x_2, \ldots\ldots\ldots x_n, y_n, z_n, t) = 0 \qquad (i = 1, 2, \ldots p_1),$$

qui peuvent être résolues par rapport à p_1 des variables x, y, z.

sur la question de l'incompatibilité des liaisons.

Mais nous faisons en ordre, une hypothèse essentielle : c'est que les liaisons $C_1 + C_2$ ne sont pas surabondantes, c'est-à-dire que le système S a précisement $[3n - (p_1 + p_2)]$ degrés de liberté [1]. — Remarquons que $p_1 + p_2$ doit être alors moindre que $3n$.

Moyennant ces hypothèses, montrons que la connaissance des lois de frottement des liaisons C_1 et C_2 suffit à déterminer la loi de frottement de S.

Si les liaisons C_1 existaient seules, les points M seraient assujettis aux p_1 relations.

$$(\alpha) \qquad \varphi_i (x_1, y_1, z_1, \ldots\ldots x_n, y_n, z_n, t) = 0 \qquad (i = 1, 2, \ldots p_1)$$

que nous pouvons supposer résolues par rapport à p_1 des variables x, y, z ; ces variables sont ainsi exprimées en fonction de $(3n - p_1)$ d'entre elles, que je désigne par $r_1, r_2, \ldots r_{3n-p_1}$. Quant aux forces de frottement et de liaison (ρ^1) et (ρ^{11}) qui s'exercent sur chaque point M ou (x, y, z) de S, elles ont respectivement, d'après la définition générale, des composantes de la forme :

$$(\gamma) \begin{cases} \dfrac{\rho'_x}{m} = \mu_1 \dfrac{\partial x}{\partial r_1} + \mu_2 \dfrac{\partial x}{\partial r_2} + \cdots\cdots + \mu_{(3n-p_1)} \dfrac{\partial x}{\partial r_{(3n-p_1)}} \\[2ex] \dfrac{\rho'_y}{m} = \mu_1 \dfrac{\partial y}{\partial r_1} + \mu_2 \dfrac{\partial y}{\partial r_2} + \cdots\cdots + \mu_{(3n-p_1)} \dfrac{\partial y}{\partial r_{(3n-p_1)}} \\[2ex] \dfrac{\rho'_z}{m} = \mu_1 \dfrac{\partial z}{\partial r_1} + \mu_2 \dfrac{\partial z}{\partial r_2} + \cdots\cdots + \mu_{(3n-p_1)} \dfrac{\partial z}{\partial r_{(3n-p_1)}} \end{cases}$$

$$(\delta) \begin{cases} \rho''_x = \lambda_1 \dfrac{\partial \varphi_1}{\partial x} + \lambda_2 \dfrac{\partial \varphi_2}{\partial x} + \cdots\cdots + \lambda_{p_1} \dfrac{\partial \varphi_{p_1}}{\partial x} \\[2ex] \rho''_y = \lambda_1 \dfrac{\partial \varphi_1}{\partial y} + \lambda_2 \dfrac{\partial \varphi_2}{\partial y} + \cdots\cdots + \lambda_{p_1} \dfrac{\partial \varphi_{p_1}}{\partial y} \\[2ex] \rho''_z = \lambda_1 \dfrac{\partial \varphi_1}{\partial z} + \lambda_2 \dfrac{\partial \varphi_2}{\partial z} + \cdots\cdots + \lambda_{p_1} \dfrac{\partial \varphi_{p_1}}{\partial z} \end{cases}$$

---

(1) Si les liaisons C_2 se traduisent par les p_2 relations distinctes.

$$(\beta) \qquad \psi_j (x_1, y_1, z_1, \ldots\ldots x_n, y_n, z_n, t) = 0 \qquad (j = 1, 2, \ldots p_2)$$

résolubles par rapport à p_2 des variables x, y, z, dire que les liaisons compatibles $C_1 + C_2$ ne sont pas surabondantes, c'est-à-dire que les $(p_1 + p_2)$ équations (α) et (β) prises ensemble sont distinctes (et résolubles par rapport à $(p_1 + p_2)$ des variables x, y, z).

La loi de frottement de S_1 fait connaître $\mu_1 \ldots \mu_{3n-p_1}$ en fonction de $\lambda_1 \ldots \lambda_{p_1}$ (et des $x, y, z,\ x', y', z',$ et de t) (voir page 10).

Les mêmes remarques s'appliquent au système S_2 formé par les $3n$ points M assujettis aux seules liaisons $\mathfrak{G}_2$: les composantes des forces de frottement et de liaisons $(\rho^{(1)})$ et $(\rho^{'(2)})$ s'expriment par des égalités analogues aux égalités (γ) et (δ). Soit :

$$(\beta) \qquad \psi_j (x_1, y_1, z_1, \ldots\ x_n, y_n, z_n, t) = 0 \qquad\qquad (j = 1, 2, \ldots, p_2)$$

les p_2 relations qui traduisent les liaisons $\mathfrak{G}_2$, relations que nous supposons résolues par rapport à p_2 d'entre elles ; les $3n$ variables x, y, z étant ainsi exprimées à l'aide de $3n - p_2$ d'entre elles, soit $s_1, s_2, \ldots s_{3n-p_2}$, on a :

$$(\gamma)' \begin{cases} \dfrac{\rho_x^{(1)}}{m} = \mu'_1\, \dfrac{\partial x}{\partial s_1} + \ldots\ldots\ldots + \mu'_{3n-p_2}\, \dfrac{\partial x}{\partial s_{3n-p_2}} \\[2ex] \text{---------------------------------} \end{cases}$$

$$(\delta)' \begin{cases} \rho_x^{(2)} = \lambda'_1\, \dfrac{\partial \psi_1}{\partial x} + \ldots\ldots\ldots + \lambda'_{p_2}\, \dfrac{\partial \psi_{p_2}}{\partial x} \\[2ex] \text{---------------------------------} \end{cases}$$

et la loi de frottement de S_2 fait connaître $\mu'_1, \ldots \mu'_{3n-p_2}$ en fonction de $\lambda'_1, \ldots \lambda'_{p_2}$ (et des $x, y, z,\ x', y', z',$ et de t).

La force de frottement (ρ) qui s'exerce sur le point M du système S (soumis aux liaisons $\mathfrak{G}_1 + \mathfrak{G}_2$) n'est pas en général la résultante de (ρ^1) et de $(\rho^{(2)})$. On a seulement :

$$(R) = (R_1) + (R_2), \text{ c'est à dire } (\rho) + (\rho') = (\rho^1) + (\rho^{'1}) + (\rho^{(2)}) + (\rho^{'(2)}).$$

Mais quand on connaît les forces (ρ^1) et $(\rho^{(2)})$, on en déduit aisément les forces (ρ). Il suffit de décomposer les segments $(\rho^1) + (\rho^{(2)})$ en segments (ρ) et (σ) tels d'une part que le travail des forces (σ) soit nul dans tout déplacement virtuel de S (compatible avec les liaisons $\mathfrak{G}_1 + \mathfrak{G}_2$), et que d'autre part le déplacement $(\frac{\rho}{m})\,\delta t$ de chaque point M de S constitue un de ces déplacements virtuels. Cette décomposition, nous le savons, n'est possible que d'une seule manière : les forces (ρ) sont les forces de frottement, et les forces $(\rho^1) + (\rho^{(2)}) + (\sigma)$ sont les forces de liaison qui s'exercent sur S, d'après la définition générale.

Les liaisons $(\mathfrak{G}_1 + \mathfrak{G}_2)$ se traduisent par $p_1 + p_2$ relations distinctes entre les $x, y, z,$ et t, que nous pouvons écrire :[1]

$$(1) \qquad f_\ell (x_1, y_1, z_1, \ldots\ x_n, y_n, z_n, t) = 0 \qquad (\ell = 1, 2 \ldots (p_1 + p_2));$$

---

[1] Le travail des forces (ρ^1), étant nul pour tout déplacement virtuel compatible avec les liaisons $\mathfrak{G}_1$, est nul a fortiori pour tout déplacement compatible avec les liaisons $\mathfrak{G}_1 + \mathfrak{G}_2$; la même remarque s'appliquant aux forces $(\rho^{(2)})$, le travail des (ρ) est bien nul dans tout déplacement virtuel de S.

et que nous pouvons supposer résolues, par exemple, par rapport à (p_1+p_2) des variables x, y, z. Ces relations (qui sont équivalentes aux relations (α) et (β)) permettent d'exprimer ainsi les $3n$ variables x, y, z, en fonction de $(3n-p_1-p_2)=k$ paramètres $q_1, q_2, \dots q_k$. Les forces (ρ) et (ρ') ont leurs composantes de la forme :

$$(D) \quad \frac{\rho_x}{m} = M_1 \frac{\partial x}{\partial q_1} + M_2 \frac{\partial x}{\partial q_2} + \cdots\cdots + M_k \frac{\partial x}{\partial q_k}$$

$$(D') \quad \rho'_x = L_1 \frac{\partial f_1}{\partial x} + L_2 \frac{\partial f_2}{\partial x} + \cdots + L_{(p_1+p_2)} \frac{\partial f_{(p_1+p_2)}}{\partial x}$$

Les composantes des (ρ) et des (ρ'') se calculent (pour des conditions initiales données de S) en fonction des composantes des $(\rho'),(\rho''),(\rho^{(2)}),(\rho'^{(2)})$, c'est-à-dire en fonctions des λ, λ', et des μ, μ' ces dernières variables étant connues respectivement en fonctions des λ et des λ' d'après les lois de frottement de S_1 et de S_2. Il suit de là que les M et les L sont connues respectivement en fonction de $\lambda_1, \dots \lambda_{p_1}, \lambda'_1, \dots \lambda'_{p_2}$. Si on résout par rapport aux λ, λ' les (p_1+p_2) égalités qui donnent $L_1, \dots L_{(p_1+p_2)}$, et si on porte ces valeurs dans les égalités qui donnent $M_1, \dots M_k$, on voit que les M sont ainsi définis en fonction des L (et des x, y, z, x', y', z', et de t), c'est-à-dire qu'on connaît la loi de frottement de S.

Ceci suppose toutefois que les équations qui donnent les L en fonction des λ, λ' soient effectivement résolubles par rapport à ces dernières lettres. Montrons qu'il est toujours ainsi. Écrivons pour cela les $3n$ équations du mouvement de S :

$$(2) \quad
\begin{cases}
m\dfrac{d^2x}{dt^2} = X' + \rho^1_x + \rho^{(2)}_x + \rho'^{(1)}_x + \rho'^{(2)}_x = \\[4pt]
\quad = X' + {}'''\mu \dfrac{\partial x}{\partial r_1} + \cdots {}''\mu_{3n-p_1}\dfrac{\partial x}{\partial r_{3n-p_1}} + {}''\mu'\dfrac{\partial x}{\partial s_1} + \cdots {}''\mu'_{3n-p_2}\dfrac{\partial x}{\partial s_{3n-p_2}} + \lambda_1\dfrac{\partial \varphi_1}{\partial x} + \cdots \lambda_{p_1}\dfrac{\partial \varphi_{p_1}}{\partial x} + \lambda'_1\dfrac{\partial \psi_1}{\partial x} + \cdots \lambda'_{p_1}\dfrac{\partial \psi_{p_1}}{\partial x} \\[4pt]
m\dfrac{d^2y}{dt^2} = Y' + \rho^1_y + \rho^{(2)}_y + \rho'^1_y + \rho'^{(2)}_y = \text{------} \\[4pt]
m\dfrac{d^2z}{dt^2} = Z' + \rho^1_z + \rho^{(2)}_z + \rho'^1_z + \rho'^{(2)}_z = \text{------}
\end{cases}$$

Si nous exprimons les x, y, z, et leurs dérivées premières et secondes [1] en fonction des k variables q_i et des q'_i, q''_i, et si nous éliminons les q''_i entre les équations (2), il vient.

---

[1] Les variables r_i, s_j désignent certaines des variables x, y, z comme nous l'avons dit.

$$\sum \left(X' \frac{\partial f_\ell}{\partial x} + Y' \frac{\partial f_\ell}{\partial y} + Z' \frac{\partial f_\ell}{\partial x} \right) = \mu_1 \sum m \left(\frac{\partial x}{\partial r_1} \frac{\partial f_\ell}{\partial x} + \frac{\partial y}{\partial r_1} \frac{\partial f_\ell}{\partial y} + \frac{\partial x}{\partial r_1} \frac{\partial f_\ell}{\partial z} \right) + \cdots$$

$$+ \mu'_{p_2} \sum m \left(\frac{\partial x}{\partial s_{p_2}} \frac{\partial f_\ell}{\partial x} + \frac{\partial y}{\partial s_{p_2}} \frac{\partial f_\ell}{\partial y} + \frac{\partial z}{\partial s_{p_2}} \frac{\partial f_\ell}{\partial z} \right) + \lambda_1 \sum \left(\frac{\partial \varphi_1}{\partial x} \frac{\partial f_\ell}{\partial x} + \frac{\partial \varphi_1}{\partial y} \frac{\partial f_\ell}{\partial y} + \frac{\partial \varphi_1}{\partial z} \frac{\partial f_\ell}{\partial z} \right) + \cdots + \lambda'_{p_2} \sum \left(\frac{\partial \psi_{p_2}}{\partial x} \frac{\partial f_\ell}{\partial x} + \frac{\partial \psi_{p_2}}{\partial y} \frac{\partial f_\ell}{\partial y} + \frac{\partial \psi_{p_2}}{\partial z} \frac{\partial f_\ell}{\partial z} \right)$$

ou encore en remplaçant les μ, μ' en fonction des λ, λ' :

$$(3) \qquad \sum \left(X' \frac{\partial f_\ell}{\partial x} + Y' \frac{\partial f_\ell}{\partial y} + Z' \frac{\partial f_\ell}{\partial x} \right) = X_\ell (\lambda_1, \dots \lambda_{p_1}) + X'_\ell (\lambda'_1, \dots \lambda'_{p_2}), \qquad (\ell = 1, 2, \dots p_1 + p_2)$$

les X et les X' dépendant d'ailleurs de t, des q_i et des q'_i.

Les $(p_1 + p_2)$ équations (3) en λ, λ', sont nécessairement compatibles : autrement pour les forces actives données X', Y', Z', les obstacles ne sauraient développer de réactions finies conformes aux lois de frottement et maintenant les liaisons, les liaisons matérielles $6_1 + 6_2$ ne seraient donc pas compatibles. Le déterminant fonctionnel des X, X' (relatif aux λ, λ'), n'est donc pas identiquement nul; sinon, les équations (3) seraient incompatibles pour des valeurs arbitraires attribuées aux premiers membres, et par suite pour des forces actives arbitrairement choisies [1]. Les équations (3) sont donc résolubles par rapport aux λ, λ'.

D'autre part on aurait pu écrire les équations du mouvement :

$$(4) \quad \left\{ m \frac{d^2 x}{dt^2} = X' + \rho_x + \rho'_x = X' + m M_1 \frac{\partial x}{\partial y_1} + \cdots + m M_k \frac{\partial x}{\partial y_k} + L_1 \frac{\partial f_1}{\partial x} + \cdots + L_{p_1 + p_2} \frac{\partial f_{p_1 + p_2}}{\partial x} \right.$$

et en éliminant les q'' on aurait trouvé (voir Première Partie, page 56) :

$$(5) \quad \sum \left(X' \frac{\partial f_\ell}{\partial x} + Y' \frac{\partial f_\ell}{\partial y} + Z' \frac{\partial f_\ell}{\partial z} \right) = L_1 \sum \left(\frac{\partial f_1}{\partial x} \frac{\partial f_\ell}{\partial x} + \frac{\partial f_1}{\partial y} \frac{\partial f_\ell}{\partial y} + \frac{\partial f_1}{\partial z} \frac{\partial f_\ell}{\partial z} \right) + \cdots$$

$$\cdots + L_{p_1 + p_2} \sum \left(\frac{\partial f_{p_1 + p_2}}{\partial x} \frac{\partial f_\ell}{\partial x} + \frac{\partial f_{p_1 + p_2}}{\partial y} \frac{\partial f_\ell}{\partial y} + \frac{\partial f_{p_1 + p_2}}{\partial z} \frac{\partial f_\ell}{\partial z} \right)$$

$$= \varpi_\ell \left(L_1, \dots L_{p_1 + p_2} \right) \qquad\qquad (\ell = 1, 2 \dots p_1 + p_2)$$

Les $(p_1 + p_2)$ relations (5) sont ici indépendantes des M ; elles sont d'ailleurs

---

[1] On peut toujours disposer des X', Y', Z' de façon que les expressions $\sum \left(X' \frac{\partial f_\ell}{\partial x} + Y' \frac{\partial f_\ell}{\partial y} + Z' \frac{\partial f_\ell}{\partial z} \right)$ aient des valeurs arbitrairement choisies $W_1, \dots W_{p_1 + p_2}$, et cela parce qu'un au moins des déterminants fonctionnels des f (par rapport à $(p_1 + p_2)$ des variables x, y, z) n'est pas nul.

résolubles, comme on sait, par rapport aux L. Les $(p_1 + p_2)$ égalités :

$$\varpi_\ell (L_1, \ldots L_{p_1+p_2}) = X_\ell (\lambda_1, \ldots \lambda_{p_1}) + X'_\ell (\lambda'_1, \ldots \lambda'_{p_2}), \qquad (\ell = 1, 2, \ldots (p_1+p_2))$$

sont donc résolubles à la fois par rapport aux L, ou par rapport aux λ, λ'. C'est ce que nous voulions démontrer.

Quant au mouvement du système S, il est déterminé par les équations de Lagrange :

$$(6). \quad \frac{d}{dt} \frac{\partial T}{\partial q'_i} - \frac{\partial T}{\partial q_i} = Q'_i + Q''_i \qquad (i = 1, 2, \ldots k),$$

où on a :

$$Q'_i = \sum \left(X' \frac{\partial x}{\partial q_i} + Y' \frac{\partial y}{\partial q_i} + Z' \frac{\partial z}{\partial q_i} \right) , \quad \text{et}$$

$$Q''_i = \sum \left[\left(\varrho'_x + \varrho^{(v)}_x \right) \frac{\partial x}{\partial q_i} + \left(\varrho'_y + \varrho^{(v)}_y \right) \frac{\partial y}{\partial q_i} + \left(\varrho'_z + \varrho^{(v)}_z \right) \frac{\partial z}{\partial q_i} \right] ;$$

dans cette dernière expression, les $\varrho'_x, \varrho^{(v)}_x$, etc. sont définies par les équations (γ) et (γ') où les μ, μ' sont données en fonction de λ, λ' par les lois de frottement de S_1 et de S_2, les λ, λ' étant eux mêmes déterminés par les équations (3). On voit qu'en définitive les Q''_i sont connus en fonction des X', Y', Z' (et des variables q, q', t).[1]

Dans ce qui précède, nous avons négligé l'hypothèse particulière où les conditions initiales de S à l'instant considéré t mettraient en défaut la loi de frottement ordinaire de S_1 ou de S_2. Considérons le système S_1 par exemple, quand les conditions initiales satisfont à certaines relations (qui expriment toujours que la vitesse relative de deux éléments frottant l'un sur l'autre est nulle); la loi de frottement de S_1 devient indéterminée, la connaissance des forces de liaison n'entraîne plus celle des forces de frottement; les $\mu_1, \ldots \mu_{p_1}$ ne sont plus donnés en fonction de $\lambda_1, \ldots \lambda_{p_1}$ mais bien en fonction des forces actives qui s'exercent sur S_1, c'est à dire en fonction des forces autres que les réactions des liaisons G_1

---

[1] Il peut se faire que les Q''_i soient des fonctions des X', Y', Z' à déterminations multiples, parce que les équations (3) ne sont pas linéaires par rapport aux λ, λ', et sont susceptibles, dans certains cas, de plusieurs solutions. Les équations du mouvement laissent alors le choix entre plusieurs mouvements possibles, satisfaisant aux conditions initiales données;

La loi de frottement au repos de S_1, appliquée au système S, fait donc connaître les μ en fonction des expressions:

$$\Xi = X' + \varrho_x^{(2)} + \varrho_x'^{(2)}, \quad H = Y' + \varrho_y^{(2)} + \varrho_y'^{(2)}, \quad Z = Z' + \varrho_3^{(2)} + \varrho_3'^{(2)},$$

c'est à dire en fonction des X', Y', Z' et des λ' :

$$(7) \quad \mu_j = F_j(X_1', Y_1', Z_1', \dots X_n', Y_n', Z_n', \lambda_1', \dots \lambda_{p_2}', q_1, \dots q_k, q_1', \dots, q_k', t)$$

$$(j = 1, 2, \dots, 3n-p,)$$

La même remarque s'applique au système S_2. D'après cela, si à l'instant t, les conditions initiales q_i, q_i' du système S correspondent précisément pour S_1 (mais non pour S_2) au cas du frottement au repos, on remplace dans les équations (2) les μ_j par leurs valeurs (7), et les μ'_j par leur expression en $\lambda_1', \dots \lambda_{p_2}'$. Si on se trouve dans le cas du frottement au repos à la fois pour S_1 et pour S_2, on remplace les μ_j par leurs expressions (7), et les μ'_j par leurs expressions analogues que définit la loi de frottement au repos de S_2.

Les $3n$ équations (2) ainsi obtenues (où on exprime les x, y, z en fonction des q_i) suffisent en général à déterminer les $3n$ inconnues $q_1'', \dots q_k''$ et $\lambda_1, \dots \lambda_p, \lambda_1', \dots \lambda_{p_2}'$, par suite les L et les M et la loi de frottement au repos de S. Toutefois, il peut arriver, dans ce cas, que les équations (2) ne soient pas distinctes, si on élimine les q'' entre ces équations; les $(p_1 + p_2)$ relations en λ, λ' ainsi obtenues sont de la forme:

$$\left[l = 1, 2 \dots, (p_1 + p_2) \right], \sum \left(X \frac{\partial f_l}{\partial x} + Y' \frac{\partial f_l}{\partial x} + Z' \frac{\partial f_l}{\partial z} \right) = \Phi_l \left(X_1', Y_1', Z_1', \dots X_n', Y_n', Z_n', \lambda_1, \dots \lambda_p, \lambda_1', \dots \lambda_{p_2}' \right);$$

elles doivent être compatibles pour que les liaisons matérielles $G_1 + G_2$ soient compatibles mais elles ne sont plus nécessairement distinctes, et se réduisent parfois à $(p_1 + p_2 - j)$ conditions. Elles permettent alors d'exprimer $(p_1 + p_2 - j)$ des variables λ, λ' en fonction de j d'entre elles qui restent indéterminées, et qui peuvent figurer dans les q_i''. Mais dans les applications simples où cette singularité se présente [1] ces j indéterminées s'éliminent d'elles-mêmes dans les q_i'', et les équations de Lagrange (6) définissent le mouvement, les réactions $(R) = m(\gamma) - (F')$ peuvent alors se calculer, par suite les forces (ϱ) et (ϱ') et la loi de frottement de S; mais les forces (ϱ'), (ϱ'') et $(\varrho^{(2)})$, $(\varrho'^{(2)})$ ne sont plus déterminées par la connaissance des forces actives (F'), des conditions initiales et des lois de frottement de S_1 et de S_2.

---

[1] On trouvera plus loin un exemple de ce fait.

En définitive, en laissant de côté certains cas singuliers, on voit que la connaissance de la loi de frottement des liaisons G_1 et de la loi de frottement des liaisons G_2 suffit à déterminer la loi de frottement des liaisons $G_1 + G_2$ et par suite le mouvement de S, une fois données les forces actives. Ceci suppose seulement que les liaisons $G_1 + G_2$ ne sont ni incompatibles ni surabondantes.

Cas où un des groupes de liaisons est sans frottement.

Quand un des groupes de liaisons, soit G_1, est sans frottement, les μ sont nuls dans les équations (2), et on peut aisément éliminer les λ qui figurent linéairement. Il suffit pour cela d'écrire les équations de Lagrange relatives aux $(3n - p_1)$ paramètres $r_1, \ldots r_{3n-p_1}$, qui définissent la position des points M quand on tient compte des liaisons G_1. Le travail virtuel des réactions (R^1) étant nul dans tout déplacement virtuel compatible avec les liaisons G_1 (à l'instant t), les seconds membres de ces équations de Lagrange sont indépendants des λ. On a, en appelant T la force vive du système S, exprimée en fonction des r, r' (et de t) :

$$(8) \qquad \frac{d}{dt}\frac{\partial T}{\partial r'_j} - \frac{\partial T}{\partial r_j} = R_j = R'_j + \alpha_j + \beta_j \qquad (j = 1,2 \ldots 3n-p_1)$$

avec :

$$R'_j = \sum \left(X' \frac{\partial x}{\partial r_j} + Y' \frac{\partial y}{\partial r_j} + Z' \frac{\partial z}{\partial r_j} \right),$$

$$\alpha_j = \sum \left(\varrho_x^{(2)} \frac{\partial x}{\partial r_j} + \varrho_y^{(2)} \frac{\partial y}{\partial r_j} + \varrho_3^{(2)} \frac{\partial z}{\partial r_j} \right) = \mu'_1 \alpha_{j,1} + \cdots + \mu'_{3n-p_2} \alpha_{j,\,3n-p_2}$$

$$\beta_j = \sum \left(\varrho_x^{\prime(2)} \frac{\partial x}{\partial r_j} + \varrho_y^{\prime(2)} \frac{\partial y}{\partial r_j} + \varrho_3^{\prime(2)} \frac{\partial z}{\partial r_j} \right) = \lambda'_1 \beta_{j,1} + \cdots + \lambda'_{p_2} \beta_{j,\,p_2}.$$

Les équations (8) jointes aux p_2 équations distinctes

$$(9) \qquad F_m \left(r_1, \ldots r_{3n-p_1}, t \right) = 0 \qquad (m = 1,2, \ldots p_2)$$

qui traduisent les liaisons G_2[1], déterminent le mouvement. Si on exprime les r en fonction des k paramètres $q_1, \ldots q_k$, les équations (8) ainsi obtenues ne diffèrent pas du système qu'on déduirait des équations (2) en éliminant les λ : elles définissent à la fois les q et les λ, quand on remplace les μ en fonction des λ d'après la loi de frottement des liaisons G_2.

---

[1] On peut supposer les équations (9) résolues par exemple par rapport à $r_1, \ldots r_{p_2}$.

On voit de cette manière que le mouvement du système S reste le même quand on remplace les forces actives données par des forces actives équivalentes relativement au système sans frottement S_1 ; j'entends par des forces actives qui ont même travail virtuel que les premières pour tout déplacement virtuel des points M compatibles avec les liaisons G_1 (à l'instant t). — J'ajoute que les β_j sont nécessairement de la forme :

$$\beta_j = \ell_1 \frac{\partial F_1}{\partial r_j} + \ell_2 \frac{\partial F_2}{\partial r_j} + \cdots + \ell_{p_2} \frac{\partial F_{p_2}}{\partial r_j} \quad ,$$

les ℓ étant des indéterminées en fonction desquelles les λ' s'expriment linéairement ; en effet, le travail des $\ell^{(\prime)}$, étant nul pour tout déplacement virtuel compatible avec les liaisons G_2, est nul pour tout déplacement virtuel de S, ce qui démontre la proposition (voir première partie, p. 91-92). On peut dire que la loi de frottement des liaisons G_2 fait connaître les μ' en fonction des ℓ.

Une autre remarque importante est relative à la loi de frottement du du système S (assujetti aux liaisons $G_1 + G_2$). Nous pouvons écrire les équations (8) ainsi :

$$(10) \qquad \frac{d}{dt} \frac{\partial T}{\partial r'_j} - \frac{\partial T}{\partial r_j} = R'_j + A_j \quad , \qquad (j = 1, 2 \ldots, 3n - p_1)$$

avec

$$A_j = \sum \left(\varrho_x \frac{\partial x}{\partial r_j} + \varrho_y \frac{\partial y}{\partial r_j} + \varrho_z \frac{\partial z}{\partial r_j} \right) = M_1\, a_{j,1} + M_2\, a_{j,2} + \cdots + M_k\, a_{j,k} \quad ,$$

$$B_j = \sum \left(\varrho'_x \frac{\partial x}{\partial r_j} + \varrho'_y \frac{\partial y}{\partial r_j} + \varrho'_z \frac{\partial z}{\partial r_j} \right) = L_1\, b_{j,1} + L_2\, b_{j,2} + \cdots + L_k\, b_{j,k} \quad ,$$

Le travail virtuel des (ϱ') étant nul pour tout déplacement virtuel de S, les B_j peuvent se mettre sous la forme :

$$(11) \qquad B_j = \nu_1 \frac{\partial F_1}{\partial r_j} + \nu_2 \frac{\partial F_2}{\partial r_j} + \cdots + \nu_{p_2} \frac{\partial F_{p_2}}{\partial r_j} \quad ,$$

les L s'exprimant linéairement en fonction des ν. D'autre part, lorsqu'on résout les équations (10) par rapport aux r'' et qu'on porte dans les équations

$$(9)' \quad \left(m_i, q_{p_2} \right) \frac{\partial F_m}{\partial r_1} r''_1 + \cdots + \frac{\partial F_m}{\partial r_{3n-p_1}} r''_{3n-p_1} + \left(\frac{\partial F_m}{\partial t} + \frac{\partial F_m}{\partial r_1} r'_1 + \cdots + \frac{\partial F_m}{\partial r_{3n-p_1}} r'_{3n-p_1} \right)_2 = 0,$$

les équations entre les L (ou entre les v) ainsi obtenues sont les mêmes que si les M étaient nuls, c'est-à-dire indépendantes des M, il suit de là que si on écrit la partie T_2 de T homogène et du second degré en r_1', r_2' .... ainsi :

$$T_2 = \sum e_{ij}\, r_i'\, r_j' \qquad (e_{ij} = e_{ji}),$$

les A sont nécessairement de la forme :

$$(12) \begin{cases} A_j = e_{j,1}\, C_1 + e_{j,2}\, C_2 + \ldots\ldots + e_{j,3n-p_1}\, C_{3n-p_1}, \\[2ex] C_s = W_1\, \dfrac{dr_s}{dq_1} + W_2\, \dfrac{dr_s}{dq_2} + \ldots\ldots + W_k\, \dfrac{dr_s}{dp_k}. \end{cases}$$

les $W_1, \ldots W_k$ étant des indéterminées en fonction desquelles les $M_1, \ldots M_k$ s'expriment linéairement. En effet soit $r_s'' = C_s + D_s$. les valeurs tirées de (10). les D_s désignant les valeurs qu'on obtiendrait en annulant les M; c'est-à-dire les A_j; les C_s ne devant rien donner dans les équations (9), sont nécessairement de la forme $\sum_i W_i \dfrac{dr_s}{dq_i}$; d'autre part les équations (10), où on annule les A_j, étant vérifiées quand on y remplace les r_s'' par les D_s. on a : $\sum C_{js}\, C_s = A_j$.

Ce qu'il importe de remarquer, c'est que la loi de frottement de S défi-nit les $W_1, \ldots W_k$ en fonction des $v_1, \ldots v_{p_2}$. Il suffit, pour s'en rendre compte, d'identifier les expressions $A_j + B_j$ et $d_j + \beta_j$; les $3n-p_1$ équations ainsi obtenues sont linéaires par rapport au $W.v$. et définissent ces $(3n-p_1)$ variables en fonction des $\mu', \lambda', {}^{(1)}$ par suite en fonction des λ' quand on tient compte de la loi de frottement. En exprimant inversement les $\lambda_1, \ldots \lambda_{p_2}$ en fonction de $v_1, \ldots v_{p_2}$, on voit que la loi de frottement fait connaître $W_1, \ldots W_k$, en fonction de $v_1, \ldots v_{p_2}$ (et des variables t, q, q').

(1) Ces équations sont toujours compatibles et déterminées, pour le voir directement il suffit d'observer que si leur déterminant était nul, les équations rendues homogènes auraient une infinité de solutions, et par suite qu'il existerait des valeurs C_s, B_j qui ne seraient pas toutes nulles et vérifieraient le système :

$$e_{j,1}\, C_2 + \ldots\ldots + e_{j,3n-p_1}\, C_{3n-p_1} + v_1\, \frac{dF_1}{dr_j} + \ldots\ldots + v_{p_2}\, \frac{dF_{p_2}}{dr_j} = 0 \qquad (j = 1.2 \ldots 3n-p_1).$$

$$C_1\, \frac{dF_m}{dr_j} + \ldots\ldots + C_{3n-p_1}\, \frac{dF_m}{dr_{3n-p_1}} = 0 \qquad (m = 1.2 \ldots p_2)$$

Ces inégalités, si on multiplie les $(3n-p_1)$ premières par C_1, C_2 respectivement, et si on fait la somme, entraînent l'égalité $T_2 = 0$, où on fait $r_1' = C_1$, $r_2' = C_2$, etc. et par suite $C_1 = 0 \ldots\ldots C_{3n-p_1} = 0$; les v sont donc aussi nuls (en vertu des p_2

Réciproquement, quand on connaît $W_1, \ldots W_k$ en fonction des v, on connaît $M_1, \ldots M_k$ en fonction des L, c'est à dire qu'on connaît la loi de frottement de S, puisque les M s'expriment linéairement en $W_1, \ldots W_k$ et les v en $L_1, \ldots L_{p+k}$.

En définitive, si on tient compte des liaisons sans frottement G_1, la définition générale du frottement revient à décomposer le travail des réactions $\Sigma D_j \, \delta r_j$ (relatif à un déplacement virtuel quelconque compatible avec les liaisons G à l'instant t) en deux parties $\Sigma A_j \, \delta r_j$, $\Sigma B_j \, \delta r_j$, telles que les A_j soient de la forme (12), et que la seconde partie soit nulle pour tout déplacement compatible avec les liaisons G_2. La loi de frottement de S fait connaître le travail virtuel $\Sigma A_j \, \delta r_j$ des forces de frottement en fonction du travail virtuel $\Sigma B_j \, \delta r_j$ des forces de liaison, ou si on veut les coefficients W en fonction des v. Quand $W_1, \ldots W_k$ sont ainsi donnés en fonction des v (et des variables q, q', t), les équations (10), où on exprime les v à l'aide de $q_1, \ldots q_s$, déterminent à la fois les q'' et les v : le mouvement de S est alors défini par ses conditions initiales quand on connaît les forces actives ou simplement le travail virtuel $\Sigma R_j \, \delta r_j$ de ces forces (pour tout déplacement virtuel compatible avec les liaisons G).

Observons enfin que rien n'est changé dans les équations (10) si on substitue aux forces de frottement (ou aux forces de liaison) des forces équivalentes relativement au système sans frottement S. Il est loisible notamment d'appeler forces de liaisons les réactions R_2' qu'exerceraient sur chaque point M les obstacles G_2 si (rien n'étant changé aux conditions du système à l'instant t, ni aux forces actives) les liaisons G_2 étaient sans frottement : en effet R_2' désignant les réactions qu'exerceraient (dans la même hypothèse) les obstacles G_2 sur le point M, on a : $(R_2) = (R_2') + (R_2'')$, le travail des R_2'' étant nul pour tout déplacement virtuel compatible avec les liaisons G, puisque ces liaisons sont sans frottement (1). Pour la même raison, il est loisible d'appeler forces de frottement les différences géométriques : $(R'') = (R_2) - (R_2')$ où R_2 représente la réaction qu'exercent réellement à l'instant t sur le point M

(Suite) premières égalités dont le déterminant relatif aux v n'est pas nul). Ce raisonnement montre qu'une expression $\Sigma H_j \, \delta r_j$ est décomposable (et d'une seule manière) en deux parties $\Sigma A_j \, \delta r_j$ et $\Sigma B_j \, \delta r_j$, telles que la seconde soit nulle pour tout déplacement virtuel compatible avec les liaisons (9), et que de plus les A_j soient de la forme (12).

(1) Ceci suppose que les liaisons G_2 réalisées sans frottement sont encore compatibles avec les liaisons G_1.

les obstacles G_2.

Par exemple, si S est un ensemble solide de n points assujetti à d'autres liaisons G_2, les liaisons intérieures G_1 du solide sont sans frottement. On appellera forces de liaison les réactions extérieures (R') qui s'exerceraient sur S les obstacles G_2 supposés sans frottement, et forces de frottement les différences $(R)-(R')$, (R) désignant la réaction extérieure qui s'exerce réellement sur le point M. Les segments $(R)-(R')$ sont géométriquement équivalents aux quantités de mouvements des points M dans un certain déplacement virtuel du solide lié. Soit OA' et OG' la somme géométrique et le moment par rapport à O des segments R', et soit $O\alpha$ et $O\gamma$ les éléments analogues relatifs aux segments $(R)-(R')$; la loi de frottement de S fait connaître $(O\alpha)$ et $(O\gamma)$ en fonction des composantes de (OA') et de (OG'). Cette loi une fois donnée, il suffit de connaître la somme géométrique et le moment (par rapport à O) des forces actives pour savoir étudier le mouvement de S. Ceci suppose toutefois que les liaisons de S ne soient pas surabondantes.

Règle relative à la combinaison de liaisons quelconques. —

Supposons maintenant qu'il s'agisse de combiner plusieurs groupes de liaisons matérielles $G_1, \ldots G_s$, dont on connaît respectivement les lois de frottement. En appliquant les résultats précédents, on formera la loi de frottement des liaisons $G_1 + G_2$ puis celle des liaisons $(G_1 + G_2) + G_3$. etc, enfin celle des liaisons $G_1 + G_2 + \ldots + G_s$, pourvu que ces liaisons soient compatibles et non surabondantes. La connaissance des forces actives permettra donc de déterminer le mouvement du système S assujetti aux liaisons $G_1 + G_2 + \ldots + G_s$.

On peut commencer par combiner toutes les liaisons sans frottement (soit $G_1, \ldots G_{i-1}$) dont le groupe total (G par exemple) sera lui même sans frottement : il importe peu que ces liaisons soient ou non surabondantes. Il suffit en effet que le groupe G et les groupes de liaisons à frottement (soit $G_i, G_{i+1}, \ldots G_s$) ne soient pas surabondants, c'est à dire que les équations distinctes qui traduisent respectivement les liaisons $G, G_i, G_{i+1}, \ldots G_s$ soient distinctes quand on les prend à la fois.[1]

Admettons donc d'après cela que le groupe G soit le premier groupe G_1 des liaisons à combiner et que les autres groupes soient à frottement.

---

[1] Quand on combine des liaisons matérielles sans frottement, le système ainsi formé est sans frottement et la réaction totale qui s'exerce sur chaque point du système est déterminée par les équations du mouvement ; mais si les liaisons sont surabondantes cette réaction est décomposable, d'une infinité de manières, en réactions partielles dues à chaque liaison.

Si les liaisons $G_1, G_2, \ldots G_s$ enlèvent respectivement, au système $p_1, p_2, \ldots \ldots p_s$ degrés de liberté, le système S a exactement $(3n - p_1 - p_2 \ldots \ldots p_s)$ ou k degrés de liberté, puisque les liaisons, par hypothèse, sont compatibles et non surabondantes. Servons-nous des p_1 relations G_1 pour définir la position de S à l'aide de $(3n-p_1)$ paramètres $r_1, \ldots r_{3n-p_1}$, et écrivons les $(3n-p_1)$ équations de Lagrange relatives à ces paramètres:

$$(A) \qquad \frac{d}{dt}\frac{\partial T}{\partial r_i'} - \frac{\partial T}{\partial r_i} = R_i = R_i' + \alpha_i^{(2)} + \beta_i^{(2)} + \ldots + \alpha_i^{(s)} + \beta_i^{(s)} \qquad (i = 1,2,\ldots 3n-p_1),$$

les sommes $\Sigma \alpha_i^{(2)} \delta r_i$, $\Sigma \beta_i^{(2)} \delta r_i$ représentant respectivement le travail des forces de frottement et de liaison relatives aux liaisons G_2, etc. Les $\beta_i^{(2)}$ sont des fonctions linéaires de p_2 indéterminées $\lambda'_1, \ldots \lambda'_{p_2}$, et la loi de frottement de G_2 fait connaître les $\alpha_i^{(2)}$ en fonction des λ'; la même remarque s'applique aux expressions $\alpha_i^{(3)}, \beta_i^{(3)}$, etc; en définitive, si on remplace dans les équations (A) les r en fonction de k paramètres $q_1, \ldots q_k$, on a un système de $(3n-p_1)$ équations pour déterminer à la fois les $q_1'', \ldots q_k''$ et les $(p_2 + p_3 + \ldots + p_s)$ indéterminées λ', λ'', etc. En éliminant les λ, il reste k équations différentielles du second ordre pour déterminer le mouvement.

Dans certains cas, il y a avantage à calculer les λ en éliminant les q'' (voir la note ci-dessous) : les λ, et par suite les α, une fois connus, on porte dans les k équations de Lagrange

$$\frac{d}{dt}\frac{\partial T}{\partial q_j'} - \frac{\partial T}{\partial q_j} = Q_j = Q_j' + Q_j^{(2)} + \ldots + Q_j^{(s)} \qquad (j = 1,2,\ldots k),$$

où on a : $Q_j^{(2)} = \Sigma \alpha_1^{(2)} \dfrac{\partial r_1}{\partial q_j} + \alpha_2^{(2)} \dfrac{\partial r_2}{\partial q_j} + \ldots + \alpha_{3n-p_1}^{(2)} \dfrac{\partial r_{3n-p_1}}{\partial q_j}$, etc.

---

(1) Ces équations sont toujours compatibles et déterminées: on le voit d'ailleurs directement en raisonnant comme à la page 23; si on résout les équations (A) par rapport aux r'' et si on porte dans les $(p_2 + p_3 + \ldots + p_s)$ équations de liaisons différentiées deux fois, soit $\frac{\partial F}{\partial r_i} r_i'' + \ldots = 0$, les équations ainsi obtenues peuvent se mettre sous une forme où les premiers membres sont indépendants des R' et où les seconds sont indépendants des λ et peuvent recevoir (grâce aux R') des valeurs quelconques; comme ces équations sont nécessairement compatibles, quand les liaisons le sont, leur déterminant fonctionnel relatif aux λ n'est pas identiquement nul; elles sont donc distinctes. Ces λ une fois connus, les q'' s'obtiennent sans difficulté.

Observons enfin que rien n'est changé dans ce qui précède quand, au lieu de connaître la loi de frottement des liaisons G_2, G_3..., on connaît la loi de frottement des liaisons, $(G_1 + G_2)$, $(G_1 + G_3)$. etc. En effet la loi de frottement $(G_1 + G_2)$ fait connaître les sommes $\alpha_i^{(2)} + \beta_i^{(2)}$, ... $\alpha_i^{(2)} + \beta_i^{(2)}$, ... en fonction de p_2 indéterminées γ_1, ... γ_{p_2}, et la même remarque s'applique aux liaisons $(G_1 + G_3)$ etc.. On saura donc, en définitive, calculer le mouvement quand on connaîtra les lois de frottement respectives des liaisons $(G_1 + G_2)$, $(G_1 + G_3)$, ... $G_1 + G_\ell)$, $G_{\ell+1}$, ... G_s. Cette remarque va nous être utile dans l'étude des systèmes continus.

Remarque sur le cas du frottement au repos.

Dans toute cette discussion de l'hypothèse où un groupe de liaisons G_1 est sans frottement, nous avons laissé de côté le cas du frottement au repos. Revenons donc à la combinaison de deux groupes de liaisons G_1 et G_2, en supposant que les conditions données (q, q', t) de S mettent en défaut la loi ordinaire de frottement des liaisons G_2, et exigent l'application de la loi de frottement au repos. Gardons la même notation qu'à la page 23, et écrivons encore les équations (8) (page 26). Les coefficients μ_1, ... μ_{3n-p_1} ne sont plus donnés alors explicitement en fonction de λ_1 ... λ_{p_2}, mais bien en fonction des $X', Y', Z', \lambda_1, ... \lambda_{p_1}$ (voir page 25), il semble donc que dans ce cas particulier, les équations (8) ne suffisent plus à déterminer le mouvement et que la connaissance des forces X', Y', Z', elles-mêmes (et non plus seulement du travail $\Sigma_i R'_j, \delta r_j$) soit indispensable. Il n'en est rien.

Examinons, par exemple, ce qui se passe dans le cas particulier où S est un système solide dont un point M_1 est assujetti à glisser sur une surface fixe Σ. Les réactions des obstacles G_2 se réduisent ici à une force unique R appliquée en M_1, la composante normale à Σ de cette force, soit R'_n, dépend d'une indéterminée λ et la composante tangentielle R' de deux indéterminées en fonction desquelles s'expriment $\mu'_1, \mu'_2, ... \mu'_{3n-p_1}$. Rapportons la position de M_1 sur Σ à deux paramètres q_1, q_2 la loi de frottement ordinaire de G_2 n'est en défaut que si on a à la fois $q'_1 = 0$, $q'_2 = 0$, et la loi de frottement au repos exprime alors que deux cas sont possibles ou bien q'_1 et q'_2 restent nuls dans un intervalle de temps fini t à $t + \Delta t$, et on a dans ces cas : $|F_t| < f |F_n|$, ou bien q'_1 et q'_2 ne sont pas nuls à la fois dans l'intervalle t à $t + \Delta t$, et la loi ordinaire de frottement s'applique dans cet intervalle.

Dans toutes les applications simples, les choses se passent d'une façon analogue : soit $d + p_2$ le nombre des indéterminées $\lambda'_1, ... \lambda'_{p_2} + N_1, ... N_d$ dont dépendent les réactions des obstacles G_2 (quand on ne sait rien sur la loi de frottement) La loi ordinaire de frottement des liaisons G_2 n'est en défaut que pour les conditions initiales des points M qui satisfont un certain système de relations $g_m = 0$

(ne résultant pas des liaisons G_2); la loi de frottement au repos montre alors que deux cas sont possibles : ou bien les relations $g_m = o$ sont vérifiées dans un intervalle de temps fini t à $t + \Delta t$ et les N, λ' satisfont dans ce cas à une certaine inégalité $\Omega < o$, ou bien le système $g_m = o$ cesse d'être vérifié quand t croît, et la loi ordinaire de frottement s'applique dans l'intervalle t à $t+\Delta t$. D'après cela, pour appliquer la loi de frottement de repos, on cherchera d'abord si les équations du mouvement sont compatibles avec la première hypothèse; en écrivant les équations (8) où les seconds membres sont exprimés à l'aide des λ', N, et en leur adjoignant les d relations $g(..q_i, q'_i, ...t) = o$; les r_i étant remplacés dans (8) en fonction de $q, ...q_k$, on a ainsi $3n-p_1 + d$ relations pour déterminer les $(3n - p_1 + d)$ inconnues $q''_1, ...q''_k$, $\lambda'_1, ... \lambda'_{p_2}, N_1, ...N_d$; il faut que ces relations admettent au moins un système de solutions λ', N, satisfaisant à l'inégalité $\Omega < o$. Pour vérifier si c'est la seconde hypothèse qu'entraînent les équations du mouvement, on observe que la loi ordinaire de frottement fait connaître les N en fonction des λ', les coefficients dépendant de q, q', t et devenant indéterminés quand les q, q', t satisfont aux relations $g = o$; si on suppose les q_i développés suivant les puissances de Δt dans l'intervalle t à $t + \Delta t$,

$$q_i \left(t + \Delta t \right) = q_i (t) + \frac{\Delta t}{1} q'_i (t) + \frac{\Delta t^2}{1.2} q''_i (t) + ...,$$

les fonctions $N = F \left(\lambda'_1, ... \lambda'_{p_2}, q_1, ... q_k, q'_1, ... q'_k, t \right)$ tendent respectivement vers une limite quand on fait tendre Δt vers zéro, soit $F'(\lambda', ... \lambda'_{p_2}, q_i, ... q'_i, ... q''_i, ... t)$; remplaçons dans les équations (8) les indéterminées N par ces expressions :

$$N_l = F'_l \left(\lambda', ... \lambda'_{p_2}, ... q_i, ... q'_i, ... q''_i, ... t \right) \qquad (l = 1, 2, ... d),$$

les $(3n - p_1)$ équations ainsi obtenues forment un système à $(3n - p_1)$ inconnues (les q'', λ'',); qui doit être compatible.

Dans les applications plus compliquées, les liaisons à frottement qu'on combine avec les liaisons G_1 apparaissent comme des combinaisons de groupes de liaisons tels que G_2, soit G_2, G_3 ... Si donc les conditions q, q', t de S correspondent au cas du frottement au repos à la fois pour G_2 et pour G_3 par exemple, il suffit d'appliquer la remarque précédente aux liaisons G_2 et G_3 pour être en état de discuter le mouvement. On conçoit d'ailleurs que cette discussion devienne rapidement très-compliquée : il arrive qu'elle laisse le choix entre plusieurs mouvements possibles. Il arrive même que les équations qu'on écrit ne soient pas toutes distinctes; dans ce cas, en général, les équations définissent les q'', mais non les réactions λ, N. Quoi qu'il en soit, lorsque les équations (8) sont insuffisantes à définir le mouvement, la connaissance des forces X', Y', Z', elles-mêmes et l'emploi des équations (6) n'apprennent rien de plus sans hypothèses nouvelles.

En définitive, si nous laissons de côté certains cas singuliers, nous voyons que la connaissance des forces actives et des lois de frottement de $G_2, \ldots G_3$ (ou de $(G_1 + G_2)$, etc.) suffit à déterminer le mouvement de S pourvu que les liaisons $G_1 + \ldots + G_3$ soient compatibles et non surabondantes : le mouvement de S n'est pas modifié quand on remplace les forces actives par des forces ayant même travail virtuel que les premières pour tout déplacement virtuel compatible avec les liaisons sans frottement G_1.

De la compatibilité des liaisons.

Je terminerai ces généralités par une remarque sur la compatibilité des liaisons. Supposons d'abord qu'on combine deux groupes G_1, G_2 de liaisons sans frottement; si ces liaisons sont analytiquement compatibles et non surabondantes, les p_1 relations distinctes F_i $(x_1, y_1, z_1, \ldots \ldots x_n, y_n, z_n, t) = 0$ qu'entraînent les liaisons G_1, et les p_2 relations analogues qu'entraînent les liaisons G_2 sont compatibles et distinctes. Pour que les liaisons G_1 et G_2 soient matériellement compatibles, il faut, il suffit qu'un au moins des déterminants fonctionnels des F, relatif à $(p_1 + p_2)$ des variables x, y, z, ne soit pas nul pour tout système des variables x, y, z, t vérifiant les conditions $F = 0$. On peut résumer ce théorème ainsi : pour que les liaisons matérielles sans frottement G_1 et G_2 soient compatibles et distinctes, il faut il suffit que les $p_1 + p_2$ relations $F_i = 0$ admettent des solutions pour lesquelles un au moins des déterminants fonctionnels $\nabla = \dfrac{D(F_1, \ldots \ldots F_{p_1 + p_2})}{D(x_1, \ldots y_1, \ldots z_1, \ldots)}$ soit différent de zéro.

Pour s'en rendre compte il suffit d'écrire les $3n$ équations du mouvement :

$$ m x'' = X' + \lambda_1 \frac{\partial F_1}{\partial x} + \ldots \ldots \ldots + \lambda_{p_1 + p_2} \frac{\partial F_{p_1 + p_2}}{\partial x} , $$

et d'y joindre les $(p_1 + p_2)$ équations $F'' = 0$ déduites de $F = 0$ en différentiant deux fois. Les $(3n + p_1 + p_2)$ équations ainsi obtenues, linéaires par rapport aux x'', y'', z'' et aux λ, ont leur déterminant nul ou différent de zéro suivant que tous les déterminants ∇ sont nuls ou non [1]. Dans le cas où tous

______

(1) La proposition est établie dans l'hypothèse où un des ∇ au moins

les V sont nuls, les équations en $\lambda_1, \ldots \lambda_{p_1+p_2}$ obtenues en éliminant les x'', y'', z'', sont incompatibles. —

Par exemple, soit M_1, M_2, M_3, M_4, quatre points matériels liés deux à deux par des tiges rigides et sans masse: les six liaisons ainsi combinées sont compatibles, sauf dans le cas où les six longueurs des tiges M_1, M_2, etc, satisfont à la condition qui exprime que les quatre points M_1, M_2, M_3, M_4, sont dans un même plan. Si les six liaisons en question étaient réalisées dans ce cas singulier, comme les résistances des tiges ne sont pas infinies, une force normale au plan des quatre points, appliquée en M_1 par exemple, disloquerait le système, si petite qu'elle fût.

Il faut bien observer qu'on peut toujours assujettir quatre points à former une figure invariable à l'aide de liaisons sans frottement. Quand les quatre points forment un tétraèdre il est loisible de décomposer la réaction exercée en chaque point suivant les trois arêtes issues du point, et on voit aussitôt que ces réactions partielles doivent être deux à deux égales et directement opposées pour que leur travail virtuel soit nul. Quand les quatre points sont dans un plan, la décomposition précédente n'est plus possible: on réalise, par exemple, la liaison en supprimant une des tiges, qui joignent les points M_1, M_4, et en reliant les quatre points par des tiges sans masse à un point sans masse M_5 non situé dans le plan $M_1 M_2 M_3 M_4$. (1)

De même, soit M_1 et M_2 deux points matériels reliés par une tige rigide et sans masse et assujettis respectivement à glisser dans deux tubes rectilignes et parallèles, parfaitement polis. Les liaisons ne sont analytiquement compatibles que si la longueur de la tige est au moins égale à la distance des deux tubes; elles sont matériellement incompatibles si ces deux longueurs sont précisément égales.

(Suite) n'est pas nul. Admettons au contraire que tous les V soient nuls: les équations considérées rendues homogènes admettent une infinité de solutions où les q'' sont nuls mais où les λ ne le sont pas tous; les $(p_1 + p_2)$ équations linéaires en $\lambda_1, \lambda_2 \ldots$, qu'on obtient en remplaçant dans les équations $V'' = 0$ les x'' par leurs valeurs en $\lambda_1, \lambda_2 \ldots$ ont donc leur déterminant nul, et par suite ces équations sont incompatibles pour des forces actives X', Y', Z' quelconques.

(1) La même remarque s'applique au système S obtenu en liant deux à deux trois points matériels par des tiges. Dans le cas singulier où ces trois points sont en ligne droite, le nombre des degrés de liberté de S s'abaisse de six à cinq, et les trois liaisons sont incompatibles.

Quand on combine des liaisons à frottement, des exemples singuliers d'incompatibilité se présentent fréquemment. Reprenons notamment le système précédent en supposant que les deux tubes soient dépolis et affectés des coefficients de frottement f et f_1 $(f > f_1)$. Choisissons un des tubes comme axe des x et admettons, pour simplifier, que les forces actives soient des forces X, X_1 parallèles à ox ; soit R la réaction de la tige et α l'angle constant de $M M_1$ avec ox, que nous supposons compris entre o et $\frac{\pi}{2}$; les équations du mouvement sont:

$$x'' = X - R \cos \alpha - \varepsilon f R \sin \alpha = X_1 + R \cos \alpha - \varepsilon f_1 R \sin \alpha,$$

ε étant égal à $+1$ ou à -1 suivant qu'on a $R x' > o$, ou $R x' < o$. On déduit de là

$$R = \frac{X - X_1}{2 \cos \alpha + \varepsilon (f - f_1) \sin \alpha} \quad;$$

supposons l'angle α assez grand pour qu'on ait:

$$2 \cos \alpha < (f - f_1) \sin \alpha \; ;$$

dans cette hypothèse, quand $(X - X_1)$ a le signe de x', les deux valeurs $\varepsilon = +1$, $\varepsilon = -1$ conviennent ; car pour $\varepsilon = +1$ on a bien $R x' > o$ et pour $\varepsilon = -1$, $R x' < o$; on a donc le choix entre deux mouvements [1] Au contraire, si $(X - X_1)$ et x' ont un signe différent, les deux valeurs de ε sont à rejeter. On voit donc que les liaisons en question ne sont compatibles (dans l'hypothèse $0 < 2 \cos \alpha < (f - f_1) \sin \alpha$) qu'autant que $(X - X_1)$ et x' sont de même signe, et les équations de la mécanique laissent alors le choix entre deux mouvements. Des circonstances analogues se présenteraient si les forces actives étaient quelconques. L'exemple si simple traité à la page 13 donne lieu à des singularités de même nature quand on y suppose $f > 1$.

De la surabondance des liaisons.

Quand les liaisons G_1, G_2 qu'on combine sont surabondantes (G_1 représentant le groupe de toutes les liaisons sans frottement), la connaissance des lois de frottement de G_1, G_2 ... ne permet plus de déterminer la loi de frottement des liaisons $(G_1 + G_2 + \dots + G_3)$, ni le mouvement du système S. Il faut alors ou faire des hypothèses sur la répartition des réactions partielles, ou étudier directement par l'expérience la loi de frottement de S : cette loi dépend alors de la constitution intérieure du sys-

---

[1] Si notamment $\alpha = \frac{\pi}{2}$, les liaisons sont compatibles, alors que les mêmes liaisons supposées sans frottement ne le sont pas.

tème S et des obstacles, de leur élasticité ; au lieu que dans le cas où les liaisons ne sont pas surabondantes ; la loi dépend seulement de la nature des surfaces de contact des éléments matériels qui frottent l'un sur l'autre [1]

Posons-nous, pour bien fixer les idées, le problème suivant : cinq points pesants M_1 ..... M_5 forment un système solide où les quatre premiers points sont dans un même plan ; les points M sont maintenus à des distances invariables par des tiges rigides et sans masse qui relient les points M_1, M_2, M_3 entre eux et aux deux autres points. La base M_1, M_2, M_3, M_4 repose sur un plan horizontal P qui a même coefficient de frottement f pour les quatre points M_1 ..... M_4. Le système est lancé horizontalement : étudier son mouvement. Les équations de la mécanique ne suffisent pas à définir ce mouvement ; elles permettent de se donner arbitrairement la composante verticale de la réaction exercée par le plan P sur un des points, soit M_1, et le mouvement (quand f n'est pas nul) dépend de la valeur attribuée à cette composante. Quand on admet, par exemple, que l'élasticité du solide est telle que les carrés des réactions dues aux neuf tiges aient une somme minima, le mouvement est déterminé, mais il varie quand on substitue à la pesanteur des forces actives géométriquement équivalentes.

D'une façon générale, soit S un corps solide assujetti dans la réalité à des liaisons matérielles douées de frottement : si on substitue aux forces actives des forces géométriquement équivalentes aux premières, le mouvement du solide est modifié dans le cas où les liaisons sont surabondantes, au lieu qu'il reste le même dans le cas contraire. Une remarque analogue s'applique à tout système sans frottement qu'on astreint à de nouvelles liaisons douées de frottement.

Systèmes matériels continus ; corps solides.

Tous les développements précédents s'étendent aux systèmes qui renferment des corps continus mais dont la position ne dépend que d'un nombre fini de paramètres. Il suffit de décomposer chaque corps continu du sys-

[1] ——. Quand les liaisons d'un système matériel réalisé sont surabondantes, l'expérience montre que, le système étant placé à l'instant t dans des conditions initiales données et soumis à des forces actives données, son mouvement, et par suite les réactions et les forces de frottement et de liaison, sont déterminés. Mais les forces de frottement ne s'expriment plus en général en fonction des forces de liaison.

tème en éléments très petits, d'appliquer à ces éléments (qu'on regarde approximativement comme des points matériels) les définitions relatives aux réactions, forces de frottement, etc, et de faire décroître indéfiniment les dimensions de ces éléments (Voir première partie, pages 69-74).

J'insisterai seulement sur le cas des corps continus solides. Considérons d'abord un solide S formé de n points distincts et assujetti à des liaisons. Si on représente par (R_e) la réaction extérieure qui s'exerce sur l'élément M du solide, par (R'_e) celle qui s'exercerait si les liaisons étaient sans frottement, on sait que les forces de liaison sont géométriquement équivalentes aux forces (R'_e), et les forces de frottement aux forces $(R_e) - (R'_e)$. Soit donc (OP) et (OG) la somme géométrique et le moment par rapport au point O des forces $(R_e) - (R''_e)$, et (OP'), (OG'), les éléments analogues relatifs aux forces (R'_e) : quand les liaisons matérielles ne sont pas surabondantes, la loi de frottement fait connaître les éléments (OP) et (OG) en fonction des éléments (OP') et (OG') (pour des positions et des vitesses données des points du système à l'instant considéré t).

Par exemple, supposons qu'un point M_1 de S soit assujetti à glisser sur une surface fixe Σ, et que cette liaison soit la seule : soit (R) la réaction de Σ sur M_1, (R') celle qui s'exercerait si la surface était parfaitement polie. Les forces (R_e) se réduisent ici à la force (R') qui est normale à Σ, et les forces de frottement sont géométriquement équivalentes à la différence $(R) - (R') = (\rho)$, segment qui, en général, n'est pas tangent à Σ : en effet, la composante normale de (R) ne coïncide pas avec (R'), sauf dans des cas particuliers, la rugosité de Σ non seulement donne à (R) une composante tangentielle (R_t), mais modifie la réaction normale (R_n) et les réactions intérieures du solide (voir l'exemple de la page 13). Toutefois la connaissance du coefficient de frottement attaché à Σ permet (à l'aide du calcul tout élémentaire de la force $(R) - (R')$ ou (ρ) en fonction de (R')) de définir la loi de frottement du système (voir page 30).

Ce que nous venons de dire peut se répéter pour un solide <u>continu</u> S assujetti à des liaisons. Soit encore (R_e) et (R'_e) la réaction extérieure qui s'exerce sur un élément de S et celle qui s'exercerait si les liaisons étaient sans frottement ; soit aussi (OP), (OG) et (OP'), (OG') les éléments de réduction en O des segments $(R_e) - (R'_e)$ d'une part, (R'_e) d'autre part. Quand les liaisons matérielles qui assujettissent S ne sont pas surabondantes, la loi de frottement fait connaître (OP) et (OG) en fonction de (OP'), (OG') et des variables (q, q', t). Nous allons énumérer les principaux types de liaisons simples qui assujettissent des solides. Nous diviserons ces liaisons en trois classes, suivant qu'elles se traduisent par une, deux ou trois relations entre les paramètres.

Énumération des liaisons simples.— Liaisons de la 1ᵉ Classe.

Premier type de liaison.— Un solide continu S est assujetti à glisser sur une surface donnée Σ.— On entend par là que la surface limite de S reste constamment tangente (¹) à Σ ; la surface Σ peut d'ailleurs être fixe ou varier suivant une loi donnée avec le temps.

Soit (R) la réaction de Σ sur S , (R_t) la composante de (R) tangente à Σ et (R_n) sa composante normale. Un déplacement virtuel quelconque de S est un déplacement où la vitesse virtuelle de l'élément matériel M de S , en contact avec Σ à l'instant considéré t , est tangente à Σ: pour qu'il n'y ait pas frottement, il faut et il suffit que (R_t) soit normale à Σ ; soit (R') la valeur qu'aurait dans ce cas la réaction.

Quand (R) est oblique sur Σ , il y a frottement ; la composante normale (R_n) de (R) est, en général, différente de (R').

L'étude empirique du mouvement de S conduit aux conclusions suivantes: soit M et P les éléments matériels de S et de Σ en contact à l'instant t, soit (v) la vitesse de M , (V) celle de P , et (W) la différence géométrique $(v) - (V)$ qui est tangente à Σ et que nous appelons vitesse relative de M par rapport à P. La composante (R_t) de (R) est toujours directement opposée à (W), et égale à $f R_n$, f étant un certain coefficient qui dépend de l'état superficiel des deux éléments en contact, mais non de leur vitesse.

Quand W est nul à l'instant t , l'expérience montre que deux cas peuvent se présenter: 1° ou bien W reste nul dans l'intervalle t à $t + \Delta t$, les deux surfaces roulent et pivotent sans glisser l'une sur l'autre; la condition $(R_t) \leqslant f(R_n)$ est toujours remplie dans ce cas; 2° ou bien W n'est pas nul (sauf pour $t = 0$) dans l'intervalle t à $t + \Delta t$, et dans cet intervalle la loi de frottement est vérifiée.

Comment allons-nous tenir compte de ces données empiriques pour calculer le mouvement de S ? Rapportons la position de S à 6 paramètres; soit ξ, η, ζ les coordonnées de son centre de gravité G, et θ, φ, ψ, les trois angles d'Euler qui définissent les directions des trois axes principaux d'inertie Gx, Gy, Gz, par rapport aux axes fixes. La condition de contact de S et de Σ se traduit par une relation:

$$(1) \qquad F(\xi, \eta, \zeta, \theta, \varphi, \psi, t) = 0,$$

t ne figurant pas dans F si la surface Σ est fixe.

Quand on connaît, à l'instant t les valeurs $\xi, \eta, \zeta, \theta, \varphi, \psi$, la position de S, par

---

(¹) ——— Nous admettons qu'il n'y a qu'un point de contact.

suite les éléments M et P, sont connus; f a donc une valeur déterminée; autrement dit f est une fonction des variables ξ, η, ζ, θ, φ, ψ, t, liées par (1). Dans la plupart des applications, f est une constante numérique.

Ceci posé, plaçons-nous d'abord dans le cas où la surface Σ est invariable; (W) se confond alors avec (V); soit donc V_x, V_y, V_z, les composantes suivant les axes fixes $Oxyz$ de la vitesse de l'élément matériel M de S en contact avec Σ; [1] V_x, V_y, V_z sont bien déterminés à l'instant t quand on connaît les positions et les vitesses des points de S; ce sont donc des fonctions des variables ξ, η, ... ψ et de leurs dérivées, ces quantités étant liées par (1) et par l'équation (1) différentiée.

Représentons d'autre part par α, β, γ les cosinus directeurs de la normale PN en P à Σ : α, β, γ sont des fonctions connues de ξ, ... ψ et vérifient la condition : $\alpha V_x + \beta V_y + \gamma V_z \equiv 0$. Les mêmes remarques s'appliquent aux composantes de v (soit v'_x, v'_y, v'_z) et aux cosinus directeurs de PN (soit α', β', γ') par rapport aux trois axes Gx, Gy, Gz. Enfin, nous désignons par a, b, c les coordonnées (par rapport à Gx, Gy, Gz) du point de contact M : a, b, c sont des fonctions connues de ξ, ... ψ.

Écrivons maintenant les six équations du mouvement du solide S indépendantes des réactions intérieures. Il vient :

$$(2) \begin{cases} M\dfrac{d^2\xi}{dt^2} = \Sigma X' - \varepsilon f \dfrac{v_x}{v} R_n + \alpha R_n \\[2mm] M\dfrac{d^2\eta}{dt^2} = \Sigma Y' - \varepsilon f \dfrac{v_y}{v} R_n + \beta R_n \\[2mm] M\dfrac{d^2\zeta}{dt^2} = \Sigma Z' - \varepsilon f \dfrac{v_z}{v} R_n + \gamma R_n \\[2mm] A\dfrac{dp}{dt} + (C-B)qr = L' - \dfrac{\varepsilon f R_n}{v}(bv'_z - cv'_y) + R_n(b\gamma' - c\beta') \\[2mm] B\dfrac{dq}{dt} + (A-C)rp = M' - \dfrac{\varepsilon f R_n}{v}(cv'_x - av'_z) + R_n(c\alpha' - a\gamma') \\[2mm] C\dfrac{dr}{dt} + (B-A)pq = N' - \dfrac{\varepsilon f R_n}{v}(av'_y - bv'_x) + R_n(a\beta' - b\alpha') \end{cases}$$

<hr>

(1) Il ne faut pas confondre cette vitesse (v) avec la vitesse de déplacement sur Σ du point géométrique de contact, soit V, cette dernière vitesse, V_2 la vitesse de déplacement sur S du point géométrique de contact, on a $(v)=(V)-(V_2)$

L', M', N' représentent les moments des forces actives par rapport aux trois axes Gx, Gy, Gz ; ε est égal à $+1$ ou à -1 suivant que R_n est positif ou négatif.

Enfin p, q, r désignent (suivant la notation ordinaire) les composantes suivant Gx, Gy, Gz, du segment de rotation instantané de S, et on a :

$$(3) \qquad p = \psi' \sin\varphi \sin\theta + \theta' \cos\varphi, \qquad q = \psi' \sin\theta \cos\varphi - \theta' \sin\varphi, \qquad r = \psi' \cos\theta + \varphi'.$$

Les six équations (2) sont équivalentes aux six équations de Lagrange relatives aux paramètres $\xi, \ldots \psi$.

Si on se sert de la relation (1) pour exprimer $\xi, \ldots \psi$ en fonction de cinq paramètres $q_1, \ldots q_5$, le système (2) devient un système de six équations linéaires en $q''_1, \ldots q''_5$, R_n et définit à la fois le mouvement et R_n.

Ce que nous venons de dire suppose v différent de zéro. Quand v est nul, voici comment on tient compte de la loi de frottement au repos : on cherche d'abord si on se trouve dans le cas où v reste nul quand t croît. Pour cela, on laisse indéterminée la réaction (R) et on en dispose de façon à annuler l'accroissement de (v), c'est-à-dire $\dfrac{dv_x}{dt}, \dfrac{dv_y}{dt}, \dfrac{dv_z}{dt}$; comme (v) est toujours tangent à Σ, il suffit (en supposant $\gamma \neq 0$ à l'instant t) d'annuler $\dfrac{dv_x}{dt}$ et $\dfrac{dv_y}{dt}$ (1). Comme v_x et v_y sont des fonctions de $\xi, \ldots \psi$ et de leurs dérivées, par suite de $q_1, \ldots q_5, q'_1, \ldots q'_5$, les deux égalités :

$$(4) \qquad \frac{dv_x}{dt} = 0, \qquad\qquad \frac{dv_y}{dt} = 0$$

sont linéaires en $q''_1, \ldots q''_5$. Si d'autre part on écrit les équations (2) en laissant indéterminées dans les seconds membres les composantes R_x, R_y, R_z, de R, les équations (4) et les nouvelles équations (2), soit $(2')$, forment un système de 8 équations linéaires en $q''_1, \ldots; q''_5$, R_x, R_y, R_z. Il faut que les valeurs R_x, R_y, R_z tirées de ces équations, vérifient la condition :

$$(5) \qquad (R_x - \alpha R_n)^2 + (R_y - \beta R_n)^2 + (R_z - \gamma R_n)^2 < f^2 R_n^2, \text{ avec } R_n = \alpha R_x + \beta R_y + \gamma R_z$$

Quand cette condition est remplie, v reste nul pendant un certain intervalle de temps t à $t + \Delta t$.

Quand il n'en est pas ainsi, on se place dans la seconde hypothèse : v n'est pas nul quand le temps varie de t à $t + \Delta t$, et dans cet intervalle la composante R_t de R est toujours directement opposée à (v) et

---

(1) Analytiquement on a : $\alpha V_x + \beta V_y + \gamma V_z \equiv 0$, d'où :

$$\alpha \frac{dV_x}{dt} + \beta \frac{dV_y}{dt} + \gamma \frac{dV_z}{dt} + V_x \frac{d\alpha}{dt} + V_y \frac{d\beta}{dt} + V_z \frac{d\gamma}{dt} = 0 ;$$

si donc (à l'instant t) v_x, v_y, v_z sont nuls et si γ est différent de zéro, les conditions $\dfrac{dV_x}{dt} = 0$, $\dfrac{dV_y}{dt} = 0$, entraînent la condition : $\dfrac{dV_z}{dt} = 0$.

42.

égale à $f R_n$. Quand Δt tend vers zéro, v_x, v_y, v_z tendent vers zéro et la direction limite de (v) est la direction $\dfrac{dv_x}{dt}$, $\dfrac{dv_y}{dt}$, $\dfrac{dv_z}{dt}$, tangente à Σ; soit (l, m, n) et (l', m', n') les cosinus directeurs de cette demi-droite rapportée respectivement à $Oxyz$ et à $Gx_1 y_1 z_1$.

On a :

$$l = \dfrac{\dfrac{dv_x}{dt}}{\sqrt{\left(\dfrac{dv_x}{dt}\right)^2 + \left(\dfrac{dv_y}{dt}\right)^2 + \left(\dfrac{dv_z}{dt}\right)^2}} ,$$

expression dont le numérateur est linéaire en $q_1'', \dots q_5''$ et dont le dénominateur est un polynôme du 2^u degré des mêmes variables; la même remarque s'applique à m, n, l', m', n'. Pour former les équations du mouvement, il suffit de remplacer, dans les équations (2), $\dfrac{v_x}{v}$ par l, $\dfrac{v_y}{v}$ par m ..... $\dfrac{v_z}{v}$ par n'; on a ainsi six équations $q_1'' \dots q_5''$, R_n, qui ne sont plus linéaires et qui doivent admettre une solution réelle [1]. En général, dans les applications, cette solution n'existe qu'autant que la première hypothèse a dû être rejetée; dans certains cas, pourtant, les deux hypothèses sont admissibles à la fois, et les équations laissent le choix entre plusieurs mouvements possibles.

Cette discussion de la seconde hypothèse suppose qu'à l'instant t $\dfrac{dv_x}{dt}$, $\dfrac{dv_y}{dt}$, $\dfrac{dv_z}{dt}$; ne sont pas nuls tous les trois. Ce cas particulier ne saurait se présenter que si les valeurs de R_x, R_y, R_z déduites des équations (2)' et (4) [c'est-à-dire calculées dans la première hypothèse] vérifient l'égalité: $|R_t| = f |R_n|$, circonstance que nous avons laissée de côté. Quand il est ainsi on développe la différence $|R_t| - f |R_n|$ suivant les puissances de Δt d'après les équations (2)' et (4) différentiées, et cela jusqu'à ce qu'on arrive à un terme $(\Delta t)^e$ dont le coefficient ne soit pas nul. Si ce coefficient est négatif, la première hypothèse est admissible; sinon elle est à rejeter. Pour ce qui est de la seconde hypothèse, il suffit d'observer qu'on

---

[1] —— Quand la valeur ainsi trouvée pour R_n est positive, ε est égal à $+1$ dans les équations (2); ε est égal à -1, dans le cas contraire. Le signe de ε une fois fixé, la recherche des fonctions q_i du temps qui satisfont aux équations (2) et aux conditions initiales données revient à la discussion d'un système d'équations différentielles dans le voisinage de valeurs où les coefficients différentiels sont de la forme $\frac{0}{0}$. Les équations (2) permettent en général de calculer les valeurs à l'instant initial des dérivées successives $q_i'', \dots q_i^{(e)}$, de la même manière que les q_i''; mais il peut exister aussi des intégrales pour lesquelles les dérivées troisièmes q_i''' (par exemple) n'existent pas à l'instant t.

connaît à l'instant initial t, les valeurs de R_x, R_y, R_z, et par suite le signe de ε dans les équations (2); on est donc ramené à la discussion d'un système déterminé d'équations différentielles réelles: les dérivées premières, secondes, etc de v_x, v_y, v_z, peuvent être nulles toutes les trois, mais pas au delà du 1er ordre. [1]

Quand la surface Σ varie avec le temps suivant une loi donnée, la discussion précédente peut se répéter presque sans modifications. Exprimons les coordonnées x, y, z, d'un point P de Σ en fonction de deux paramètres λ, μ et du temps, λ et μ étant choisis de façon que le même élément matériel de Σ corresponde, quel que soit t, à des valeurs constantes de ces paramètres. (voir page 8): soit:

$$x = f(\lambda, \mu, t), \qquad y = g(\lambda, \mu, t), \qquad z = h(\lambda, \mu, t);$$

la vitesse V de l'élément P a pour composantes (suivant ox, oy, oz). $\frac{\partial f}{\partial t}$, $\frac{\partial g}{\partial t}$, $\frac{\partial h}{\partial t}$. D'autre part, quand on connaît (à l'instant t) $\xi, \eta, \ldots \psi$, la position de P est déterminée: λ et μ sont donc des fonctions de $\xi, \eta, \ldots \psi, t$, autrement dit de $q_1, \ldots q_5, t$.

Il suffit de remplacer, dans les équations et dans toute la discussion précédente, (v) et ses composantes par la grandeur $(w) = (v) - (V)$ et ses composantes; c'est-à-dire v_x par $v_x - \frac{\partial f}{\partial t}(\lambda, \mu, t) \ldots$ ect, λ et μ étant exprimés en $q, \ldots q_5$, t. De plus, t figure en général explicitement dans les expressions des quantités $\alpha, \beta, \gamma, a, \ldots$ c' en fonction de $\xi, \eta, \ldots \psi$. Ces observations faites, ce que nous avons dit dans le cas où la surface Σ est fixe, peut-être répété sans autre modification.

Remarque sur la loi de frottement.

Quand on tire R_n des équations (2) en éliminant les dérivées secondes, la valeur ainsi calculée dépend en général de f. Pour qu'il en soit autrement, c'est-à-dire pour que R_n coïncide avec la réaction qu'exercerait la surface Σ supposée sans frottement, il faut qu'on ait:

---

[1] Soit par exemple $l=1$. On connaît à l'instant t les valeurs de $q_1, \ldots q_5$ et de R_n, cette dernière fixant le signe de ε; si on différentie une fois par rapport au temps les équations (2), et si on observe que la valeur limite pour $dt=0$ de $\frac{v_x}{v}$, etc, est égale à: $\frac{d^2 v_x}{dt^2} \times \frac{1}{\sqrt{\left(\frac{d^2 v_x}{dt^2}\right)^2 + \left(\frac{d^2 v_y}{dt^2}\right)^2 + \left(\frac{d^2 v_z}{dt^2}\right)^2}}$,

on obtient six équations (non linéaires) pour définir les valeurs à l'instant initial de $q_1''', \ldots q_5''$, $\frac{dR_n}{dt}$ équations qui doivent être compatibles pour que l'hypothèse en question soit admissible. Observons que dans la discussion, nous avons négligé l'hypothèse où tous les coefficients des Δt^l sont nuls; c'est le cas où les équations (2') et (4), jointes à l'équation $|R_b|, \frac{\partial f}{\partial \nu}|R_n|$, admettent des intégrales répondant aux conditions initiales. On reconnaît si on est dans ce cas à l'aide de simples différentiations.

$$(5)\quad \frac{dF}{d\xi}\, v_x + \frac{\partial F}{\partial \eta}\, v_y + \frac{\partial F}{\partial \zeta}\, v_z + (\beta v'_z - c v'_y)\left[\frac{\cos\varphi}{A}\frac{\partial F}{\partial \theta} + \frac{\sin\varphi}{A\sin\theta}\left(\frac{\partial F}{\partial \psi} - \frac{\partial F}{\partial \varphi}\cos\theta\right)\right]$$

$$+(c v'_x - a v'_z)\left[-\frac{\sin\varphi}{B}\frac{\partial F}{\partial \theta} + \frac{\cos\varphi}{B\sin\theta}\left(\frac{\partial F}{\partial \psi} - \frac{\partial F}{\partial \varphi}\cos\theta\right)\right] + \left(\frac{a v'_y - \beta v'_x}{C}\right)\frac{\partial F}{\partial \varphi} = 0,$$

condition qui n'est pas remplie en général, comme on s'en rend compte sur des exemples très simples, tel que celui d'une ellipsoïde glissant sur un plan.[1]

Quand on veut calculer la loi de frottement de S conforme à la définition générale voici comment il est loisible de procéder.

Si l'on connaît R_n et f on connaît (R); représentons pour R' la réaction qui s'exercerait si la surface Σ était sans frottement, pour (ρ) la différence $(R) - (R')$; on a:

$$\rho_x = R_x - \alpha R', \qquad \rho_y = R_y - \beta R', \qquad \rho_z = R_z - \gamma R'.$$

Le segment (ρ) est géométriquement équivalent au système de segments qui définit les quantités de mouvement virtuel des points de S dans un déplacement de ce solide compatible avec la liaison à l'instant t. Dans un tel déplacement les quantités de mouvement des éléments de S ont pour somme géométrique $M\frac{\delta\xi}{\delta t}$, $M\frac{\delta\eta}{\delta t}$, $M\frac{\delta\zeta}{\delta t}$, et leur moment total par rapport à G, a pour projections sur G_{x_1}, G_{y_1}, G_{z_1},

---

[1] On peut faire aussi la remarque suivante: le travail de R_n est nul pour tout déplacement virtuel du système, c'est-à-dire pour tout déplacement où les variations $\delta\xi, \ldots \delta\psi$ vérifient la condition:

$$\frac{\partial F}{\partial \xi}\delta\xi + \frac{\partial F}{\partial \eta}\delta\eta + \frac{\partial F}{\partial \zeta}\delta\zeta + \frac{\partial F}{\partial \theta}\delta\theta + \frac{\partial F}{\partial \varphi}\delta\varphi + \frac{\partial F}{\partial \psi}\delta\psi = 0;$$

or le travail virtuel de R_n est égal à R_n multiplié par le coefficient suivant

$$a\,\delta\xi + \beta\,\delta\eta + \gamma\,\delta\zeta + (b\gamma' - c\beta')[\sin\theta\sin\varphi\,\delta\psi + \cos\varphi\,\delta\theta] + (c\alpha' - a\gamma')[\sin\theta\cos\varphi\,\delta\psi - \sin\varphi\,\delta\theta] + (a\beta' - b\alpha')[\cos\theta\,\delta\psi + \delta\varphi]$$

ce coefficient devant renfermer en facteur le premier membre de l'équation précédente, on a nécessairement:

$$\frac{\alpha}{\frac{\partial F}{\partial \xi}} = \frac{\beta}{\frac{\partial F}{\partial \eta}} = \frac{\gamma}{\frac{\partial F}{\partial \zeta}} = \frac{\cos\varphi(b\gamma' - c\beta') - \sin\varphi(c\alpha' - a\gamma')}{\frac{\partial F}{\partial \theta}} = \frac{a\beta' - b\alpha'}{\frac{\partial F}{\partial \varphi}} = \frac{\sin\theta\sin\varphi(b\gamma' - c\beta') + \sin\theta\cos\varphi(c\alpha' - a\gamma') + \cos\theta(a\beta' - b\alpha')}{\frac{\partial F}{\partial \psi}}$$

respectivement Ap, Bq, Cr, , où $p = \sin\varphi \sin\varphi \frac{\delta\psi}{\delta t} + \cos\varphi \frac{\delta\theta}{\delta t}$, etc.
les quantités: $\frac{\delta\xi}{\delta t}$, ... $\frac{\delta\psi}{\delta t}$ vérifient d'ailleurs la condition :

$$(6) \qquad \frac{\partial F}{\partial \xi}\,\frac{\delta\xi}{\delta t} + \cdots\cdots + \frac{\delta F'}{\partial \psi}\,\frac{\delta\psi}{\delta t} = 0.$$

Si on identifie cette somme géométrique et ce moment avec (ρ) et avec le moment de (ρ) par rapport à G, on obtient six relations : $M\frac{d^2\xi}{dt^2} = R_x - \alpha R'$, etc, qui jointes à l'équation (6) définissent [1] linéairement R' et $\frac{\delta\xi}{\delta t}, \ldots \frac{\delta\psi}{\delta t}$. On connaît donc R' et par suite ρ_x, ρ_y, ρ_z en fonction linéaire de R_x, R_y, R_z, c'est-à-dire en fonction linéaire de R_n une fois donné f. si on élimine R_n, les composantes ρ_x, ρ_y, ρ_z se trouvent définies à l'aide de R'. La connaissance de f détermine donc (moyennant un calcul tout élémentaire) la loi de frottement de S conforme à la définition générale.

Le plus souvent il sera inutile de calculer explicitement cette loi. Il est toutefois un cas où ce calcul se trouve fait de lui-même, c'est le cas où la composante R_n de R est indépendante de f. Cette circonstance apporte toujours une simplification considérable dans l'étude du mouvement; elle se présente notamment chaque fois que S est une sphère homogène. [2] Dans ce cas particulier, on commence par calculer R_n en fonction de $q_1, \ldots q_5, q'_1 \ldots q'_5$ et de t; connaissant R_n, on connaît (R_t), et on peut écrire, par exemple, les cinq équations de Lagrange relatives à $q_1, \ldots q_5$, en introduisant dans les seconds membres le travail virtuel de (R_t).

Type de liaison analogue entre deux solides.

Considérons maintenant un système de deux solides S et S_1 assujettis à glisser l'un sur l'autre. On entend par là que les deux surfaces limites de S et de S_1 restent constamment tangentes. Nous admettons qu'il n'existe qu'un seul point de contact.

Soit M et M_1 les deux éléments matériels de S et S_1, qui

---

(1) ———— Il résulte d'un théorème général que ces équations sont nécessairement compatibles et déterminées (voir page 29)

(2) ———— En effet le centre de la sphère ξ, η, ζ décrit une surface parallèle à la surface Σ, soit $F(\xi, \eta, \zeta, t) = 0$, et on a $\frac{\partial F}{\partial \xi}v_x + \frac{\partial F}{\partial \eta}v_y + \frac{\partial F}{\partial \zeta}v_z = 0$, puisque $\frac{\partial F}{\partial \xi}, \frac{\partial F}{\partial \eta}, \frac{\partial F}{\partial \zeta}$ sont proportionnels à α, β, γ; la condition (5) est donc vérifiée. Il est loisible aussi de se servir des équations du mouvement du centre de gravité, qui montrent aussitôt que R_n est indépendant de la loi de frottement.

sont en contact à l'instant t , (v) la vitesse du point M , (v_1), celle de M_1, $(w) = (v) - (v_1)$ la vitesse relative de M par rapport à M_1. L'expérience montre encore que la composante tangentielle (R_t) de la réaction (R) exercée par S sur S_1 est directement opposée à (w) et proportionnelle à la composante normale R_n : $|R_t| = f |R_n|$; la réaction (R_1) exercée par S_1 sur S, est (d'après le principe de l'action et de la réaction) égale et directement opposée à (R). Lorsque (w) est nul, deux cas se présentent : ou bien w reste nul, quand le temps croît de t à $t + \Delta t$, et on a constamment dans ce cas : $|R_t| \leqslant f |R_n|$; ou bien w commence par croître avec le temps, et la loi ordinaire de frottement est vérifiée dans l'intervalle de temps t à $t + \Delta t$. .

Pour qu'il n'y ait pas frottement, il faut et il suffit que la réaction (R) soit normale aux deux surfaces S et Σ . Le système étant placé à l'instant t dans des conditions initiales déterminées et soumis à des forces actives déterminées, soit (R') la réaction que S exercerait sur S_1 si les deux surfaces étaient parfaitement polies : R' diffère en général de R_n qui dépend de f.

Pour étudier le mouvement du système, observons que la liaison se traduit par une relation entre les six paramètres $\xi, \eta, \zeta, \theta, \varphi, \psi$. et : $\xi_1, \eta_1, \zeta_1, \theta_1, \varphi_1, \psi_1$, qui définissent la position de S et de S_1 soit

$$(7) \qquad F(\xi, \eta, \zeta, \theta, \varphi, \psi, \xi_1, \eta_1, \zeta_1, \theta_1, \varphi_1, \psi_1) = 0 .$$

Quand on connaît ces douzes paramètres, la position de S et S_1, par suite les éléments M et M_1 sont déterminés : si on connaît de plus les dérivées de ces paramètres, les vitesses (v) et (v_1) de M et M_1 sont aussi connues : les composantes w_x, w_y, w_z de $(W) = (v) - (v_1)$ sont donc des fonctions des paramètres $\xi, \ldots \ldots \psi_1$, liés par l'équation (7), et de leurs dérivées.

Écrivons maintenant pour chaque solide S et S_1 les six équations analogues aux équations (2), où $v, v_x \ldots$ sont remplacés par $w, w_x \ldots$ si on exprime d'après (7) les variables $\xi, \ldots \ldots \psi_1$ en fonction de onze paramètres $q_1, \ldots \ldots q_{11}$, on obtient douze équations linéaires en $q_1'', \ldots q_{11}''$, R_n qui définissent à la fois le mouvement et R_n.

Lorsque w est nul à l'instant t, on procède toujours de la même manière : on cherche si on se trouve dans le premier cas en disposant de la réaction indéterminée R pour annuler $\dfrac{dw_x}{dt}, \dfrac{dw_y}{dt}, \dfrac{dw_z}{dt}$, ce qui donne deux conditions distinctes qui, jointes aux douze équations du mouvement définissent linéairement $q_1'', \ldots q_{11}''$, et R_x, R_y, R_z, on vérifie si la condition $|R_t| \leqslant f |R_n|$ est ou non remplie. Pour discuter la seconde hypothèse, il suffit dans les équations du mouvement de remplacer $\dfrac{W_x}{W}$, etc. par :

$$\frac{\dfrac{dW_x}{dt}}{\sqrt{\left(\dfrac{dW_x}{dt}\right)^2 + \left(\dfrac{dW_y}{dt}\right)^2 + \left(\dfrac{dW_z}{dt}\right)^2}} :$$

on obtient ainsi douze équations pour déterminer $q''_1 \ldots\ldots q''_{22}$ et R_n mais ces équations ne sont plus linéaires.

Si on veut calculer la loi de frottement du système conforme à la définition générale, on exprime que les grandeurs $(\rho) = (R) - (R')$ et $-(\rho)$ sont géométriquement équivalentes au moment des quantités de mouvement l'une de S et l'autre de S_1, dans un certain déplacement virtuel de S et de S_1 compatible avec la relation (7) : R' et ρ_x, ρ_y, ρ_z sont ainsi définis linéairement à l'aide de R_n (une fois donné f) ; la connaissance de f détermine donc ρ_x, ρ_y, ρ_z en fonction de R'. Le calcul en question se trouve effectué de lui-même dans le cas particulier où R_n est indépendant de f, par exemple dans le cas où S et S_1 sont deux sphères homogènes.

Autres types de liaisons de la première classe.

La discussion détaillée qui précède permet de passer rapidement sur les autres types de liaisons de la première classe. Ces types sont les suivants

I — Une surface solide S glisse sur une courbe fixe. (ou variable avec le temps suivant une loi donnée).

II — Une courbe solide S glisse sur une surface Σ fixe (ou variable avec le temps suivant une loi donnée).

III — Une surface solide S et une courbe solide C glissent l'une sur l'autre.

IV — Une surface solide S glisse sur un appui P fixe (ou animé d'un mouvement donné).

V — Un point déterminé d'un solide S glisse sur une surface Σ fixe ou variable avec le temps (par exemple l'extrémité A d'une barre AB glisse sur un plan fixe).

VI — Un point déterminé d'un solide S glisse sur la surface d'un second solide

Ces différentes liaisons se traduisent par une relation unique. Pour qu'il n'y ait pas frottement, il faut et il suffit que la réaction (R) soit normale à la surface qui figure dans la liaison. Quand il y a frottement. La direction et le sens de la composante tangentielle de (R) sont toujours définis par la vitesse relative (W) des deux éléments matériels en contact, et sa valeur absolue est proportionnelle à celle de la composante normale: $|R_t| = f|R_n|$. Dans le cas ou W est nul à l'instant t, ou bien W reste nul, et on a $|R_t| \leq f|R_n|$; ou bien la loi ordinaire de frottement s'applique à l'instant $t + dt$. — Il suit de là que tout ce qui a été dit au sujet de la première liaison peut se répéter pour celles qu'on vient d'énumérer, comme pour les deux liaisons qui suivent:

VII. — Une courbe solide C s'appuie sur une courbe Γ fixe (ou variable avec le temps suivant une loi donnée).

VIII. — Deux courbes solides C et C_1 s'appuient l'une sur l'autre.

Soit M le point de rencontre des deux courbes, MT et MT_1 leurs tangentes en ce point: pour qu'il n'y ait pas frottement [1] il faut et il suffit que la réaction soit normale au plan TMT_1. Lorsqu'il y a frottement, soit (R_t) et R_n les projections de (R) sur le plan TMT_1, et sur la normale à ce plan; la direction et le sens de R_t sont toujours définis par la vitesse relative (W) des deux éléments matériels en contact, et on a: $|R_t| = f|R_n|$. Quand W est nul, la loi de frottement au repos s'énonce comme précédemment.

Remarque. — Pour chacune des liaisons précédentes, on peut former les équations du mouvement en éliminant la réaction de la manière suivante: pour fixer les idées plaçons-nous dans le cas où un point déterminé M d'un solide S glisse sur une surface fixe Σ; la réaction (R) de Σ sur S est située dans le plan normal à Σ qui contient (v), et fait avec (v) un angle dont la tangente est égale à f, d'où deux directions pour R (suivant que R_n a le sens MN sur la normale ou le sens opposé): soit $\alpha_1, \beta_1, \gamma_1$ et $\alpha_2, \beta_2, \gamma_2$ ces deux directions. Si on donne au solide S un déplacement virtuel quelconque assujetti à la seule condition que la vitesse virtuelle de M soit normale à la direction $\alpha_1, \beta_1, \gamma_1$, le travail de (R) est nul, et comme un tel déplacement dépend de cinq paramètres, le principe de d'Alembert se traduit par cinq équations

---

[1] Dans le cas de la liaison VII, un raisonnement cinématique bien simple montre que pour tout déplacement virtuel de C (compatible avec la liaison) la vitesse virtuelle de l'élément $M°$ de C (qui se trouve à l'instant t sur Γ) est située dans le plan TMT_1. De même dans le cas de la liaison VIII, la vitesse virtuelle relative de M et de M_1 est située dans le même plan TMT_1: (R) doit donc être normale à ce plan pour qu'il n'y ait pas de frottement

indépendantes de (R) qui définissent les accélérations de S. La même conclusion s'applique à la seconde direction $\alpha_2, \beta_2, \gamma_2$. Mais comment choisir entre les deux mouvements ainsi définis? Le premier n'est admissible que si R_n a le sens MN, le second que si R_n a le sens contraire. Il faut donc calculer R_n dans les deux cas, pour se rendre compte de son signe, en sorte que la simplification qui résulte de l'élimination de R est en général illusoire. Dans le cas où f est très petit (comme aussi dans le cas où R_n ne dépend pas de f) le sens de R', réaction exercée par la surface Σ supposée sans frottement, fixe celui de R ; il suffit de connaître le sens de R' pour écrire les équations du mouvement sans ambiguïté.

Quand la liaison est unilatérale, c'est-à-dire quand le solide peut quitter la surface d'un certain côté, la composante R_n n'est susceptible que d'un sens, soit le sens MN, et il n'y a qu'une direction possible pour (R), soit $\alpha_1, \beta_1, \gamma_1$; mais il faut, là encore, calculer R_n pour voir si son sens est bien le sens MN ; quand il n'en est pas ainsi, on doit essayer l'hypothèse où le point M quitte la surface (R est nul).

Remarque II — La discussion du cas du frottement au repos apparaît comme assez compliquée, mais il est impossible de la simplifier. Une circonstance qui la facilite est la suivante: le système considéré S étant placé dans des conditions initiales où la vitesse relative (w) des deux éléments qui frottent l'un sur l'autre est nulle, calculons le mouvement en supposant que f soit nul, et supposons que dans ce mouvement w reste nul: le mouvement en question est encore celui de S quel que soit f ; en effet, si on détermine (R) de façon que w reste nul, on a $R_t = 0$, et par suite $|R_t| < f|R_n|$. — À la vérité, cette remarque prouve seulement que le dit mouvement est admissible; pour montrer qu'il est seul admissible, il faut montrer de plus que la seconde hypothèse (celle où w ne reste pas nul) est à rejeter.

Je signalerai, à ce propos, une erreur qu'on commet fréquemment et qui consiste à raisonner ainsi: "Considérons, par exemple, un solide S dont un point déterminé M glisse sur une surface fixe Σ, et plaçons-le dans des conditions initiales où la vitesse de M est nulle; si la surface Σ était parfaitement polie, le point M se mettrait en mouvement dans un certain sens MT ; la surface étant rugueuse la force de frottement sera évidemment directement opposée à MT." Ce raisonnement est inexact et la conclusion ne se trouve vraie que dans des cas tout à fait particuliers. On s'en rend compte en étudiant le système bien simple S formé de deux points pesants M et M_1, liés par une tige rigide et sans masse, dont le point M glisse sur un plan vertical P et est soumis de plus à une force constante N normale à ce plan. Abandonnons le système dans une position quelconque sans vitesses initiales. Si le plan P est parfaitement poli, les deux points M et M_1 se meuvent comme deux points pesants libres et la réaction R de la tige est nulle. Si P est rugueux, cette réaction ne saurait être nulle, autrement l'accélération de M_1 serait (g), celle de M serait ou nulle ou de même sens que (g) mais égale à $g - fN$, et la longueur MM_1 ne serait pas constante. Soit donc (R_t) la projection de (R) sur le plan P. La force de frottement R_t est directement opposée non pas à (g), mais à la résultante de $m(g)$ et de (R_t), résultante dont la direction dépend de la position de $M M_1$: quand f est suffisamment petit, le point M se met en mouvement dans une direction qui n'est pas celle de la pesanteur. La raison de ce fait est encore une fois, que l'existence du frottement modifie les réactions intérieures de S.

Liaisons de la seconde classe.

I — Une courbe solide C reste tangente à une courbe Γ fixe (ou variable avec le temps suivant une loi donnée)

II — Deux courbes solides C et C_1 du système restent constamment tangentes.

III — Une courbe solide C glisse sur un appui P fixe (ou animé d'un mouvement donné.)

IV — Un point déterminé d'un solide S glisse sur une courbe Γ fixe (ou variable avec le temps, suivant une loi donnée)

V — Un point déterminé d'un solide S glisse sur une courbe solide C, S et C faisant partie du système.

Ces diverses liaisons se traduisent par deux relations entre les paramètres qui définissent la position des solides. Pour qu'elles soient sans frottement, il faut et il suffit que la réaction (R) soit normale à la courbe qui figure dans chacune de ces liaisons. Quand il y a frottement, la composante R_t de (R) tangente à la courbe est toujours proportionnelle à la composante normale $|R_t| = f |R_n|$ et le sens de R_t est fixé par celui de la vitesse relative w des deux éléments matériels en contact. Quand w est nul à l'instant t, ou bien w reste nul durant un temps fini, et on a $|R_t| \leq f |R_n|$, ou bien la loi précédente s'applique à l'instant $t + dt$.

Pour étudier le mouvement du système on procède exactement comme plus haut (page 40), on écrit les aux équations du mouvement, pour chaque solide, équations dont les seconds membres (où on tient compte de la relation $|R_t| = f|R_n|$), dépendent de deux indéterminées λ_1, λ_2, qui définissent la réaction normale R_n. Ces équations, jointes aux deux équations de liaison, déterminent les accélérations du système et les inconnues λ_1, λ_2, mais ne sont plus linéaires en λ_1, λ_2.

Par exemple, s'il s'agit d'une courbe solide qui reste tangente à une courbe fixe Γ, la première équation s'écrira, en appelant $(\alpha_1, \beta_1, \gamma_1)$ $(\alpha_2, \beta_2, \gamma_2)$ les cosinus directeurs (relatifs aux axes fixes o, x, y, z) de la normale principale et de la binormale en M à Γ, et α, β, γ les cosinus directeurs de la vitesse (V) de l'élément M de C en contact avec Γ, vitesse qui est tangente à Γ ;

$$M \frac{d^2 \xi}{dt^2} = \Sigma X' - \alpha f \sqrt{\lambda_1^2 + \lambda_2^2} + \alpha_1 \lambda_1 + \alpha_2 \lambda_2.$$

Quant au cas du frottement au repos, la discussion en est simplifiée par cette circonstance que la force de frottement n'a que deux sens possible. On se place d'abord dans l'hypothèse $W = 0$: en exprimant que $\frac{dw}{dt}$ est nul à l'instant t, on a assez d'équations pour déterminer linéairement les accélérations du système et les composantes R_x, R_y, R_z de (R) on voit si la condition $|R_t| < f|R_n|$ est vérifiée.

Pour discuter la seconde hypothèse, on donne successivement à R_t ses deux sens possibles (avec la valeur $f|R_n|$) et on voit si à l'instant initial, $\frac{dw}{dt}$ a bien le signe correspondant. Par exemple, dans le cas de la liaison Γ où Γ est fixe, le point M doit se mettre en mouvement dans le sens opposé à R_t. La loi de frottement conforme à la définition général, se déduit (comme à la page 44) de la valeur de f : en général R_n dépend de f et diffère de la force de liaison.

Enfin, les liaisons de la troisième classe (courbe solide roulant sur une autre courbe, solide articulé autour d'un point ou d'un axe fixe, solides articulés entre eux autour d'un point ou d'un axe, etc.) liaisons qui se traduisent par trois relations, sont toutes sans frottement.

Combinaison des liaisons précédentes.

Imaginons maintenant un système S formé de ℓ points isolés, de m solides dont tous les points sont distribués sur une même droite de n solides ayant une forme quelconque. Si ces divers éléments n'étaient assujettis à aucune autre liaison, la position du système dépendrait de $3l + 5m + 6n = r$ paramètres. Supposons qu'ils soient en outre astreints à p_1 liaisons de la première classe; à p_2 liaisons de la seconde classe, à p_3 de la troisième. Si toutes ces liaisons sont compatibles et non surabondantes, le système S aura exactement $v - p_1 - 2p_2 - 3p_3 = k$ degrés de liberté.

Soit T_j les liaisons intérieures du solide S_j, liaisons qui peuvent être surabondantes, et soit $G, G' \ldots$ les autres liaisons partielles auxquelles sont attachées respectivement des coefficients de frottement donnés $f, f' \ldots$ Connaissant f, on sait calculer la loi de frottement des liaisons G combinées avec certaines des liaisons $T_1, T_2 \ldots$ (liaisons sans frottement): d'après une remarque générale (voir page 32) on sait donc calculer la loi de frottement des liaisons $T_1 + T_2 + \ldots + G + G' \ldots$, on est donc en état de calculer le mouvement de S, connaissant les forces actives qui s'exercent sur lui.

Pour calculer ce mouvement, il suffit d'écrire les six équations du mouvement relatives à chaque solide S_j (équations qui se réduisent à cinq si S_j est rectiligne) et les trois équations du mouvement des points isolés: quand on tient compte des lois de frottement partielles, les seconds membres de ces équations dépendent de $p + 2p_2 + 3p_3$ indéterminées; les premiers membres s'expriment en fonction de k paramètres indépendants $q_1, \ldots q_2$; on forme donc ainsi un système de $r = k + p_1 + 2p_2 + 3p_3$ équations pour définir les $(p_1 + 2p_2 + 3p_3)$ indéterminées et $q''_1 \ldots q''_2$. Ce système est nécessairement compatible et déterminé quand les liaisons combinées sont compatibles et non surabondantes, mais il peut définir plusieurs valeurs des $q''_1 \ldots q''_2$.

Il est avantageux, en général, de tenir compte tout d'abord des liaisons sans frottement pour diminuer le nombre des équations nécessaires. On combine donc d'abord les liaisons de la troisième classe et celles des deux premières classes qui sont sans frottement: il importe peu que ces liaisons, jointes aux liaisons intérieures des solides $S, \ldots$, soient surabondantes. Représentons par v le nombre des degrés de liberté dont jouit encore $S [v \lessgtr r]$, et soit T sa force vive exprimée en fonction de v paramètres $u_1, u_2, \ldots u_v$. Soit p'_1 et p'_2 le nombre des liaisons douées de frottement de la première et de la seconde classe; s'il n'y a ni incompatibilité, ni surabondance, le système S, quand on tient compte de toutes les liaisons, a $v - p'_1 - 2p'_2 = k$ degrés de liberté. Écrivons les v équations de Lagrange (A) relatives aux ν paramètres $u_1, \ldots u_\nu$, dans ces équations ne figurent pas les réactions dues aux liaisons sans frottement ; quant aux autres réactions elles dépendent de $p'_1 + 2p'_2$, indéterminée (une fois données les f), si on exprime $u_1, \ldots u_\nu$ en fonction des k paramètres indépendants $q_1 \ldots q_k$ on a ν équations pour calculer les q'' et les λ (en tout ν inconnues).

L'emploi des équations de Lagrange (A) a pour but d'éliminer les réactions sans frottement ; il est clair qu'on peut les remplacer par des combinaisons quelconques de ces équations ; notamment, quand on aperçoit des combinaisons indépendantes de toutes les réactions, il y a avantage à les écrire surtout si ces combinaisons donnent des intégrales premières. Par exemple, soit S un système formé de deux solides qui glissent l'un sur l'autre avec frottement et qui n'est soumis à aucune force extérieure : on pourra écrire les six intégrales des aires et du mouvement du centre de gravité de S.

Lorsqu'on se trouve, pour une ou plusieurs des liaisons à frottement, dans le cas du frottement au repos, il suffit d'appliquer aux équations précédentes le mode de discussion indiqué plus haut, en se plaçant successivement pour chaque liaison dans les deux hypothèses possibles. On est amené ainsi à écrire toujours autant d'équations que d'inconnues, mais tandis que dans le cas général ces équations sont nécessairement déterminées, dans le cas du frottement au repos elles peuvent n'être pas distinctes. Pour les applications simples où cette singularité se présente, l'indétermination ne porte en général que sur les réactions, mais les accélérations du système sont déterminées, ou du moins ne sont susceptibles que d'un nombre fini de valeurs

Nous donnerons plus loin des exemples de systèmes pour lesquels plusieurs mouvements répondent à des conditions initiales quelconques. Un cas où le mouvement sera sûrement unique est celui où les composantes normales R_n des réactions dûes aux liaisons à frottement sont indépendantes des coefficients f, autrement dit sont les mêmes que si toutes les liaisons étaient sans frottement. Dans ce cas, en effet, les R_n se calculent sans ambiguïté ; si donc on laisse de côté des conditions initiales particulières où il y a frottement au repos, les composantes (R_t) sont définies elles-mêmes sans ambiguïté, par suite les accélérations de S.

Quand toutes les liaisons à frottement sont de la première classe, les R_n sont définies par des équations linéaires dont les coefficients dépendent des coefficients f précédés du signe $\pm$, il n'y aurait aucune ambiguïté si on savait à l'avance le signe des chaque composante R_n. (2. admettons que toutes les liaisons matérielles, supposées sans frottement, soient encore compatibles et que les f soient très petits : quel que soit le signe choisi devant les f, les R_n différent très peu des R' (réactions obtenues en annulant les f); pour des conditions initiales données quelconques, le signe des R' fera donc connaître le signe des R_n (si les valeurs des f sont suffisamment petites) et le mouvement sera défini sans ambiguité pour un certain temps.

Tout ce qui précède suppose que les liaisons ne soient pas surabondantes (les liaisons sans frottement prises ensemble pouvant toutefois être surabondantes) Il y a notamment surabondance chaque fois qu'un solide S est assujetti à être en contact en plus de six points avec des obstacles fixes, par exemple le long d'une ligne ou d'une surface. C'est le cas d'un cylindre à génératrices horizontales qui glisse sur un plan horizontal dépoli (ligne de contact), ou d'un cylindre vertical dont la base glisse sur un plan horizontal (surface de contact). Dans ces deux cas, les équations de la mécanique ne permettent pas d'étudier le mouvement sans hypothèse sur l'élasticité du solide et la répartition des pressions.

Propriétés générales des lois de frottement —

Les lois du frottement sont des lois empiriques assez grossières ; c'est ainsi que le coëfficient de frottement n'est pas rigoureusement indépendant de la vitesse relative des éléments en contact ; de même, dans le cas du frottement au repos, R_t peut dépasser $f R_n$ et atteindre $f_1 R_n$, f_1 étant un peu supérieur à f. Par exemple, soit un point pesant mobile sur un plan dépoli P, d'abord horizontal et qu'on incline d'une façon continue ; le point ne se mettra en mouvement que quand l'angle θ du plan P avec le plan de l'horizon dépassera α $[\alpha = \operatorname{arctg} f_1]$, et à ce moment la force de frottement passera brusquement (c'est à dire en un temps inappréciable) de la valeur $m f_1 g \cos \alpha$ à la valeur $m f g \cos \alpha$. Dans bien des cas de frottement au repos où plusieurs mouvements sont analytiquement possibles, cette remarque empirique $(f_1 > f)$, une fois admise, permet de déterminer le mouvement qui aura lieu réellement.

Mais une remarque plus importante concerne les systèmes dont les liaisons matérielles sont indépendantes du temps. Pour qu'il en soit ainsi, par définition, il faut et il suffit 1° Qu'à deux instants quelconques t et t_1 les éléments du système S puissent occuper les mêmes positions respectives; 2° que (les positions de S étant les mêmes aux instants t et t_1) les mêmes éléments matériels des obstacles occupent la même position à ces deux instants.

Quand ces conditions sont remplies, il est clair que les liaisons géométriques sont indépendantes du temps, mais la réciproque n'est pas vraie. Quand les liaisons géométriques sont indépendantes du temps, la première condition est remplie, mais la seconde ne l'est pas nécessairement.

Par exemple, si un point M se meut sur une circonférence matérielle qui tourne sur elle-même d'un mouvement uniforme, les liaisons géométriques ne dépendent pas du temps, au lieu que les liaisons matérielles en dépendent.

Ceci posé, quand les liaisons matérielles sont indépendantes du temps, l'expérience montre que les forces de frottement ont toujours, dans le déplacement réel du système, un travail négatif ou nul. Il est facile de vérifier ce fait général sur toutes les liaisons particulières énumérées. La chose n'est plus vraie quand les liaisons dépendent du temps.

Cette loi expérimentale a d'importantes conséquences: tout d'abord, appliquée au problème de l'équilibre, elle montre que les conditions d'équilibre d'un système sans frottement S (dont les liaisons matérielles sont indépendantes du temps) restent suffisantes quand il y a frottement: en effet, le travail des forces totales F qui s'exercent sur chaque point du système est nécessairement positif (dans le déplacement réel de S) si ces forces F ne sont pas nulles, et d'autre part, il est égal à la somme du travail des forces actives (qui est nul) et du travail des réactions (qui est négatif ou nul): donc toutes les forces F sont nulles.

La même loi appliquée au mouvement dans le cas où les forces actives admettent une fonction de force $U\,(q_1, \ldots\, q_k)$, montre qu'on a toujours :

$$T \leqslant U\,(q_1, \ldots\, q_k) + (T_0 - U_0)\,;$$

si d'après cela, on reprend le raisonnement de Lejeune-Dirichlet (voir première partie, pages 131-132), on voit qu'une position d'équilibre stable $q_1 = a_1, \ldots\, q_k = a_k$ du système S sans frottement reste position d'équilibre stable quand il y a frottement: autrement dit, le système S abandonné dans des conditions initiales $q_1^0, \ldots\, q_k^0$, où les q_i diffèrent peu des a_i et les q' sont très voisins de zéro, reste très voisin de la position d'équilibre $a_1 \ldots a_\varrho$ et garde une force vive très faible : le frottement ne peut que diminuer l'amplitude des oscillations et la force vive ; dans bien des cas, le frottement arrêtera le système au bout d'un certain temps.

Une autre remarque intéressante est relative à la réversibilité des mouvements. Quand les liaisons sont indépendantes du temps et dénuées de frottement, et quand les forces actives ne dépendent ni du temps, ni des vitesses, on ne change rien aux équations du mouvement en remplaçant t par $-t$ (voir 1ère partie page 209) ; si on veut encore, le système étant placé à l'instant $t = 0$ dans certaines conditions initiales, changeons le sens de toutes les vitesses : dans le nouveau mouvement le système occupe à l'instant t la même position que dans le premier mouvement à l'instant $-t$. Les mouvements de S sont réversibles. Ils cessent de l'être, au contraire, dès qu'il y a frottement : par exemple, soit M un point pesant qui glisse dans un tube horizontal dépoli ox, et qui à l'instant $t = 0$ est lancé à l'origine avec la vitesse positive V_0 ; on a : $x = V_0 t - f\frac{gt^2}{2}$ (tant que t est moindre que $\frac{x_0}{fg}$) ; si la vitesse initiale était $-V_0$ on aurait : $x = -V_0 t + \frac{fgt^2}{2}$, et ce mouvement ne coïncide pas avec le mouvement $x = -V_0 t - \frac{fgt^2}{2}$, qui se déduit du premier en remplaçant t par $-t$: le changement de V_0 en $-V_0$ a changé le sens de la force du frottement.

La chose est frappante notamment dans le cas du frottement au repos. Considérons un point pesant M qui glisse sur un plan incliné dépoli faisant l'angle θ avec le plan horizontal : supposons M lancé selon une ligne de plus grande pente dans le sens ascendant ; au bout d'un certain temps, M s'arrêtera, et restera immobile ou redescendra suivant qu'on a $\operatorname{tg}\theta \lessgtr f$ ou $\operatorname{tg}\theta > f$; la force de frottement change brusquement de sens dans les deux cas, et dans le premier cas passe de la valeur $fm\,g\cos\theta$ à la valeur moindre $mg\sin\theta$. Plus généralement, quand un point M d'un solide glisse sur une surface fixe dépolie, admettons qu'à l'instant t_1 le point M arrive en M_1 avec une vitesse nulle : M_1 peut être soit un point d'arrêt, soit un point anguleux ou de rebroussement de la trajectoire de M, les réactions, les accélérations du système, la direction de la vitesse de M présentent en général, à l'instant t_1, une discontinuité.

Ajoutons encore cette dernière observation : quand les liaisons sont sans frottement, les liaisons géométriques importent seules, le mouvement est le même de quelque manière qu'elles soient réalisées. Il en est tout autrement quand il y a frottement : par exemple, imaginons qu'un point M soit assujetti à décrire une circonférence Γ, la réaction étant normale à Γ ; on peut imaginer la liaison effectuée à l'aide d'un tube circulaire parfaitement poli qui tourne sur lui-même (autour de son centre) d'un mouvement donné ; le mouvement de M sera le même quelle que soit la rotation du cercle. Il dépend au contraire de cette rotation, en même temps que du coefficient de frottement, si la circonférence Γ n'est pas parfaitement polie.

De même, le point M étant assujetti à décrire une courbe fixe quelconque Γ, on peut imaginer cette liaison réalisée des deux manières suivantes : ou bien M glisse dans un tube qui coïncide avec Γ, ou bien M glisse dans la rainure de deux surfaces solides Σ' et Σ'' qui se coupent suivant Γ. Quand le tube et les surfaces sont parfaitement polis, le mouvement est le même dans les deux cas. S'il y a frottement, la loi de frottement a deux formes bien différentes pour les deux espèces de liaison ; la force de frottement est toujours directement opposée à la vitesse de M, mais égale à $f R_n$ dans le premier cas, à $f' R'_n + f'' R''_n$ dans le second cas, R_n désignant la composante normale à Γ de la réaction, et R'_n, R''_n les composantes de R_n suivant les normales MN', MN'' à Σ' et à Σ''. On a donc affaire à deux problèmes bien distincts suivant que la liaison est réalisée de la première ou de la seconde manière.

Applications

Mouvement d'un point sur une Courbe

1. Cas où la courbe est fixe.

Soit v la vitesse absolue du point M de masse m,

F'_t et R_t les composantes de la force active F' et de la réaction R suivant la tangente Mt à la courbe C menée dans le sens du mouvement, F''_N et R_N les composantes des mêmes forces suivant la normale principale MN à C menée vers le centre de courbure, enfin $F'_{N'}$ et $R_{N'}$ les composantes de F et de R suivant la binormale. Le mouvement de M est défini par les égalités :

$$(1) \quad \begin{cases} m\, \dfrac{dV}{dt} = F'_t + R_t , \\[2mm] m\, \dfrac{V^2}{\rho} = F''_N + R_N , \\[2mm] o. \quad = F'_{N'} + R_{N'} , \end{cases}$$

ρ désignant le rayon de courbure de C en M. Si on applique la loi de frottement, il vient :

$$(2) \qquad m\, \frac{dV}{dt} = F'_t - f\, \sqrt{\left(\frac{m v^2}{\rho} - F'_N\right)^2 + F''^2_{N'}} .$$

Dans le cas où v est nul à l'instant considéré t, M reste au repos si on a :

$$F'_t \leqslant f \cdot \sqrt{\left(\frac{m v^2}{\rho} - F'_N\right)^2 + F''^2_{N'}} ,$$

et dans le cas contraire se met en mouvement, son mouvement vérifiant l'égalité (2).

En particulier, quand la courbe C est plane et quand la force F' est située dans le plan de C, on a :

$$(3) \qquad m\, \frac{dV}{dt} = F'_t - f\, \left| \frac{m v^2}{\rho} - F'_N \right| .$$

Par exemple soit M un point pesant mobile avec frottement sur une courbe C située dans un plan vertical. Supposons que la courbe tourne sa concavité vers le haut et qu'à l'instant t, le mobile se meuve en sens contraire du sens PS choisi sur C comme sens positif des arcs; appelons α l'angle que fait avec une horizontale la tangente MT à la courbe menée dans le sens des arcs croissants; l'équation (3) s'écrit alors :

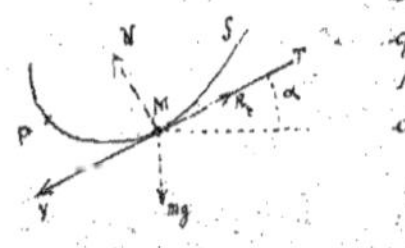

$$m\, \frac{d^2s}{dt^2} = - mg \sin\alpha + f\left(\frac{m v^2}{\rho} + mg \cos\alpha\right) ,$$

ou encore :

$$(4) \qquad - \frac{dv^2}{ds} = - 2g\,(\sin\alpha - f\cos\alpha) + \frac{2 f v^2}{\rho} .$$

α et ρ étant des fonctions connues de s, on a une équation linéaire
pour déterminer la fonction ~~$V^2(s)$~~; connaissant $V(s)$, on a t par la
quadrature $\int \frac{ds}{V(s)}$; le problème n'exige que des quadratures.

Si le point M est mobile dans un milieu résistant, soit
$m\varphi(v)$ la valeur absolue de la résistance; il faut ajouter au second membre de (4) la quantité $\varphi(v)$. Si $\varphi(v) = Cv^2$, le problème
s'achève encore par quadratures.

D'une façon générale, l'équation (3) s'intègre par quadratures chaque fois que (F') ne dépend que de la position du mobile;
il suffit même que la direction de (F') dépende seulement de
s, la valeur absolue de F' étant de la forme $A(s)v^2 + B(s)$.

Quand la courbe est une droite, la réaction normale est
égale en grandeur à la composante normale F'_n de F', et F'_t est égal
à $F'_t - f F'_n$. Par exemple, si M est un point pesant mobile sur une
droite ox qui fait l'angle aigu θ avec le plan horizontal, F_t est
égal à $g(\sin\theta - f\cos\theta)$ quand M est lancé vers le bas; M descend
donc d'un mouvement accéléré dans l'hypothèse $\tan\theta > f$, d'un mouvement uniforme dans l'hypothèse $\tan\theta = f$, d'un mouvement uniformément retardé dans l'hypothèse $\tan\theta < f$, et le point s'arrête dans
ce dernier cas au bout du temps $\frac{v}{g(f\sin\theta - \cos\theta)}$. Quand M est lancé
de bas en haut, F_t est égal à $-g(f\sin\theta + \cos\theta)$; le mouvement
ascendant est uniformément retardé, la vitesse de M s'annule au
bout du temps $\frac{v}{g(f\sin\theta + \cos\theta)}$, et le point reste au repos ou redescend avec l'accélération $g(\sin\theta - f\cos\theta)$, suivant qu'on a $\tan\theta \leqq$ ou
$> f$.

---

1. Oscillations d'un point pesant sur une courbe dépolie.

Soit o un point d'ordonnée minima sur une courbe C
(l'axe des z étant la verticale menée de bas en haut), et soit P, Q
deux points de C de même ordonnée; tels que le long de OP et OQ
l'angle aigu θ que fait la tangente avec la verticale décroisse
constamment sans s'annuler. La projection de la pesanteur sur la
normale principale en un point M de C est
directement opposée à la direction qui va
de M au centre de courbure, et par suite
la composante normale de la réaction est
plus grande que $mg\sin\theta$ donc que $mg\sin\theta_0$ (si θ_0 désigne
la plus petite valeur de θ le long de PoQ).

Ceci posé, marquons sur C les deux points A et B pour lesquels $\cot g\ \theta = f$, et supposons le point pesant M abandonné sans vitesse en un point M_0 d'ordonnée z_0 de l'arc OP. Quand M_0 est compris entre O et A, le point reste au repos ; sinon M descend le long de C ; je dis qu'il restera au repos au bout d'un temps fini. Tout d'abord, M dépasse tout point A_1 compris entre M_0 et A, car, entre M_0 et A, v croît ou est supérieur à $g l\left(\cos\theta - \dfrac{\sin\theta}{f}\right)$; d'autre part, M ne peut dépasser le point Q, car on a, en appelant σ le chemin absolu parcouru par M entre t_0 et t :

$$\frac{mv^2}{2} < mg\,(z_0 - z) - f\,mg\,\sin\theta_0\,\sigma\ ;\quad \text{donc } z_0 - z > 0\ .$$

σ croît avec t tant que v ne s'annule pas ; soit s_1 sa limite supérieure, M_1 le point de l'arc AQ défini par s_1. Quand M tend vers M_1, v tend vers zéro ; M_1 ne coïncide pas avec A, car soit $-a$ la valeur de s en A, on a, en développant suivant les puissances croissantes de $(s+a)$ et de v^2 :

$$\frac{1}{2}\frac{dv^2}{ds} = (s+a)(-\lambda^2 + \ldots) + v^2\,(\mu + \ldots)\,,$$

et l'intégrale $v^2(s)$ qui s'annule pour $s = a$ est de la forme : $v^2 = (s+a)^2\left[-\lambda^2 + \ldots\right]$; v^2 serait donc négatif près du point A. D'autre part, M_1 étant compris entre A et Q, dans le voisinage de M_1 le point M (pour $s' > 0$) est soumis à une force retardatrice supérieure à une certaine limite E, donc v s'annule au bout d'un temps fini, et M arrive en M_1 à l'instant t_1 avec une vitesse nulle : si M_1 n'est pas situé au delà du point B, M reste immobile. Si M_1 appartient à l'arc BQ on a : $0 < mg\,(z_0 - z_1) - f\,mg\,\sin\theta_0\,\sigma$; donc a fortiori : $z_0 - z_1 > f\,\sin\theta_0 \times \text{arc } AB$; le point M redescend quand t croît au delà de t_1 et atteint à l'instant t_2 un point M_2 de l'arc AB, ou un point M_2 de l'arc AP pour lequel on a $z_1 - z_2 > f\,\sin\theta_0\ \text{arc } AB$. Appelons n le premier entier supérieur ou égal à $\dfrac{z_0}{f\,\sin\theta_0\ \text{arc } AB}$; après un nombre de demi oscillations au plus égal à n, le mobile restera au repos.

C.Q.F.D.

II - Pendule cycloïdal avec frottement

Le point pesant M est mobile sur une cycloïde à base horizontale, située dans un plan vertical, et tournant sa concavité vers le haut.

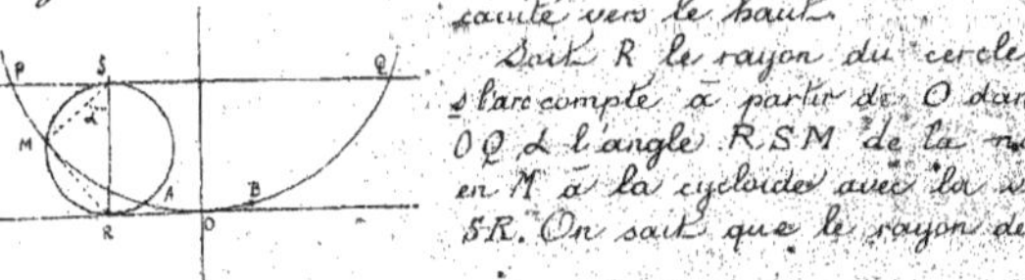

Soit R le rayon du cercle générateur, s l'arc compté à partir de O dans le sens OQ, et l'angle RSM de la normale en M à la cycloïde avec la verticale SR. On sait que le rayon de courbure

ρ en M est égal à $2 M_s$ ou $4R \cos \alpha$ et que l'arc s est égal à $4R \sin \alpha$. Si le point M est lancé dans le sens des arcs croissants ou abandonné sans vitesse en un point de OP (plus élevé que le point A pour lequel $\operatorname{tg} \alpha = f$), l'égalité $m \dfrac{dV}{dt} = F_t$ s'écrit (en divisant les deux membres par $4Rm$):

$$(1) \quad \cos \alpha \, \frac{d^2 \alpha}{dt^2} - \sin \alpha \left(\frac{d\alpha}{dt}\right)^2 = \frac{g}{4R} \left(\sin \alpha + f \cos \alpha\right) - f \cos \alpha \left(\frac{d\alpha}{dt}\right)^2 ,$$

ou bien, en posant : $\left(\dfrac{d\alpha}{dt}\right)^2 = u$:

$$(2) \quad \frac{du}{d\alpha} = 2u \, (\operatorname{tg} \alpha - f) - \frac{g}{2R} \, (\operatorname{tg} \alpha + f);$$

en intégrant cette équation (2) qui est linéaire, on trouve :

$$(3) \quad \left(\frac{d\alpha}{dt}\right)^2 = u = \frac{g}{8R} \left\{ C e^{-2f\alpha} - 2f\alpha - \frac{1}{1+f^2} \left(2f \operatorname{tg} \alpha + (\operatorname{tg}^2 \alpha - 1)(1 + f^2) \right) \right\},$$

équation qui définit le mouvement tant que $\dfrac{d\alpha}{dt}$ ne s'annule pas.

Quand le point M est abandonné sans vitesse en un point M_0 de OP, la discussion faite pour une courbe C quelconque s'applique. Mais on peut démontrer de plus que le temps employé par M pour descendre de M_0 jusqu'en A est indépendant de la position M_0; il en est de même si M_0 est compris entre B et Q, pour le temps employé par M à descendre de M_0 jusqu'en B. Le mouvement est _tautochrone_, le point de l'tautochronisme étant A pour la branche gauche et B pour la branche droite de la cycloïde. Ce résultat se déduit de l'équation (3) mais assez péniblement. Je renverrai pour ce point à la note de M. Darboux placée à la fin de la mécanique de Despeyrous ainsi qu'au traité de M. Appell (Tome 1ᵉʳ page 434).

J'insisterai toutefois sur les oscillations infiniment petites d'un point pesant autour du point le plus bas d'une courbe C quelconque. Pour cela, il nous sera utile de traiter le problème suivant:

III — Mouvement d'un point pesant mobile dans un tube horizontal dépoli ox et attiré par l'origine O proportionnellement à la distance

Soit k^2 le coefficient d'attraction du point o pour une masse égale à 1. L'équation du mouvement est :

$$(1) \quad x'' = -k^2 x - \varepsilon f g \, . \qquad \begin{cases} \varepsilon = +1 \ \text{pour } x' > 0 \\ \varepsilon = -1 \ \text{pour } x' < 0 \end{cases}$$

Marquons sur ox les deux points A et B dont la distance à l'origine est $\dfrac{fg}{k^2}$. Quand le point M est abandonné sans vitesse en M_0, M reste immobile si M_0 est compris entre A et B, il se met en mouvement vers l'origine quand M_0 est extérieur à AB ($\varepsilon = +1$ pour $x_0 < 0$, $\varepsilon = -1$ pour $x_0 > 0$).

Tant que x' est positif, la transformation $x = \xi - \dfrac{fg}{k^2}$ (qui ramène l'équation (1) à la forme $\xi'' = -k^2 \xi$) montre que M se meut comme si (le frottement étant nul) il était attiré par le point B; tant que x' est négatif, la transformation $x = \xi + \dfrac{fg}{k^2}$, montre que M se meut comme si A était le centre d'attraction. De là résulte aussitôt la discussion du mouvement.

Imaginons le point placé sans vitesse en M_0 (à droite du point o) au delà du point A, le point M se mettra en mouvement comme si A l'attirait, arrivera au point A en un temps $\dfrac{\pi}{2k}$, et atteindra avec une vitesse nulle, à l'instant $t_1 = \dfrac{\pi}{k}$, le point M_1, symétrique de M_0 par rapport à A; si M_1 est compris entre A et B, M s'arrête; sinon la même discussion recommence, et le point M atteint à l'instant $t_2 = \dfrac{2\pi}{k}$ le point M_2 symétrique de M_1 par rapport à B, etc. On voit qu'après un nombre fini de demi-oscillations isochrones et d'amplitude de plus en plus petite, le point M restera immobile: à chaque demi-oscillation l'amplitude $M_n M_{n+1}$ diminue de $2AB$. Le mouvement est tautochrone, le point de tautochronisme étant A si le point M est abandonné à droite de A, et B si le point M est abandonné à gauche de B.

Quand la vitesse initiale x'_0 de M est quelconque, la discussion n'est pas moins facile; soit $x'_0 > 0$; ε est égal à $+1$, et le mouvement est donné par l'égalité:

$$x + \frac{fg}{k^2} = \left(x_0 + \frac{fg}{k^2}\right)\cos kt + \frac{x'_0}{k}\sin kt,$$

tant que x' ne s'annule pas, c'est à dire jusqu'à l'instant:

$$t_1 = \frac{1}{k}\,\mathrm{artg}\,\frac{x'_0}{k + \frac{fg}{k^2}} = \frac{1}{k}\,\mathrm{artg}\,u_0. \qquad (\text{l'arctg étant compris entre } 0 \text{ et } \tfrac{\pi}{2})$$

Au delà de l'instant t_1, M reste au repos si M_1 est compris entre A et B, c'est à dire si on a: $\sqrt{\left(x_0 + \dfrac{fg}{k^2}\right)^2 + \dfrac{x'^2_0}{k^2}} < 2f\dfrac{g}{k^2}$, — dans le cas contraire, on rentre dans la discussion précédente.

Si de même x'_0 est négatif, ($x_0 > 0$), x décroît tant que t n'atteint pas la valeur $t_1 = \dfrac{1}{k}\,\mathrm{artg}\,\dfrac{x'_0}{k\left(x_0 - \frac{fg}{k^2}\right)}$, (l'artg étant compris entre 0 et π), et reste ensuite immobile ou revient vers 0

suivant qu'on a: $\sqrt{(x_0 - \frac{fg}{k^2})^2 + \frac{x_0'^2}{k^2}} \leqq 2\frac{fg}{k^2}$ ou $> \frac{2fg}{k^2}$.

On pourrait discuter d'une façon analogue le mouvement du point M si la droite ox au lieu d'être horizontale était inclinée, ou si le point o repoussait le point M au lieu de l'attirer.

III - Petites oscillations d'un point pesant mobile sur une courbe dans le voisinage d'une position d'équilibre stable.

Prenons comme origine o le point le plus bas de l'arc de courbe C considéré, comme axe ox la tangente en ce point. soit ω l'angle avec oz du plan osculateur en o à la courbe, ρ_0 le rayon de courbure, s l'arc OM compté dans dans le sens de la flèche par exemple. Dans ce qui va suivre, nous supposons le point pesant M abandonné dans le voisinage du point o avec une très petite vitesse. Dans le mouvement s et $\frac{ds}{dt}$ restent très petits car z et $\frac{v^2}{2g}$ sont moindres que $z_0 + \frac{v_0^2}{2g}$; Nous les traitons comme des infiniment petits du premier ordre et nous négligeons devant eux les termes en s^2, s'^2, ss', etc

Nous avons:

$$x = s + \lambda s^3 + \dots \quad , \quad y = \frac{\sin\omega}{2\rho_0} s^2 + \dots \quad , \quad z = \frac{\cos\omega}{2\rho_0} s^2 + \dots ;$$

la réaction normale $\sqrt{\left(\frac{mv^2}{\rho} - F'_N\right)^2 + F'^2_N}$, se réduit (si on néglige v^2) à la composante normale de $F' = mg$, et comme l'angle de la pesanteur avec le plan normal en M à la courbe est de l'ordre de s, on peut confondre son cosinus avec l'unité, et la pesanteur avec sa composante normale; quant à la composante tangentielle de g elle est égale $-g \frac{\cos\omega}{\rho_0} s + \dots$, les termes non écrits étant, négligeables, et le mouvement approché est défini par l'équation:

$$s'' = -\frac{g}{\rho_0} \cos\omega \, s - \varepsilon f g \qquad \left(\begin{array}{l} \varepsilon = +1 \text{ pour } s' > 0 \\ \varepsilon = -1 \text{ pour } s' < 0 \end{array} \right).$$

On reconnaît l'équation du mouvement tautochrone rectiligne; le mouvement s'arrêtera après un nombre fini d'oscillations toutes de même durée et d'amplitude de plus en plus petite; marquons (en supposant f très petit) les deux points A, B, qui correspondent aux valeurs $\pm \frac{f \rho_0}{\cos\omega}$ des quand on abandonne le point M sans vitesse en M_0, il reste au repos si M_0 est entre A et B ; si M_0 est audessus du point A, M descend et atteint le point A en un temps qui est indépendant de la position de M_0.

Cas où la Courbe est mobile.

Quand la courbe C est mobile nous avons indiqué (voir page 6) la manière de mettre le mouvement en équations; comme application très simple traitons le problème suivant.

I - Mouvement d'un point M, mobile avec frottement sur une circonférence C qui se dilate proportionnellement au temps de telle sorte que ses éléments matériels parcourent respectivement un rayon (Aucune force active ne s'exerce sur M).

Nous pouvons poser: $x = Kt \cos \theta$, $y = Kt \sin \theta$, K désignant une constante. La vitesse relative du point M (par rapport à l'élément matériel de C en contact avec lui) a pour composantes $Kt \sin \theta \theta'$, $Kt \cos \theta \theta'$; les équations du mouvement sont:

$$x'' = + f \sin \theta |R_n| + R_n \cos \theta, \qquad y'' = -f \cos \theta |R_n| + R_n \sin \theta,$$

si on remplace x'' par $-Kt \sin \theta \, \theta'' - Kt \cos \theta \, \theta'^2 - 2K \sin \theta \, \theta'$, et si on fait la substitution analogue pour y'', il vient, en multipliant la première équation par $\cos \theta$, la seconde par $\sin \theta$, et ajoutant:

$$R_n = - Kt \, \theta'^2 ;$$

en multipliant de même par $-\sin \theta$, $\cos \theta$ et ajoutant:

$$Kt \, \theta'' + 2K \theta' = -f |R_n| = -f Kt \, \theta'^2 ;$$

si on pose $\theta' = u$, le mouvement est défini par l'égalité:

$$\frac{du}{dt} + \frac{2}{t} u + f u^2 = 0,$$

qui donne $\qquad u = \dfrac{1}{t(f + ct)}$, et $\theta = \theta_0 + \dfrac{1}{f} \log \dfrac{t}{f + ct}$.

— Mais le cas le plus intéressant est celui où C se déplace dans l'espace sans se déformer. Il suffit alors d'étudier le mouvement par rapport à des axes liés invariablement à C pour rentrer dans le cas où C est fixe; les nouvelles forces actives s'obtiennent en ajoutant aux premières les deux forces de Coriolis. Quand il n'y a pas de frottement, la force centrifuge composée ne modifie pas le mouvement parce qu'elle est normale à C ; au contraire, elle intervient quand il y a frottement, en modifiant la force de frottement. Pour que le point M reste en équilibre relatif en un point M_0 de C, il faut et il suffit que la grandeur $(F') - m\left(\frac{\gamma^2}{}\right)$ fasse avec la tangente en M_0 à C, un angle au moins égal à arctg $\frac{1}{f}$; F' désigne la force active donnée et γ l'accélération d'entraînement du point M_0.

Application — Une droite OA tourne autour de l'axe OZ avec une vitesse uniforme ; mouvement d'un point M mobile avec frottement sur OA. (Aucune force active ne s'exerce sur M).

Soit α l'angle aigu POA, et x,oz le plan qui contient OA. L'accélération d'entraînement de M est dirigée suivant MP et égale à $\omega^2 x$, l'accélération centrifuge composée est normale à x,oz et égale en grandeur à $2\omega \frac{dx}{dt}$. Si R_n représente la composante normale à OA de la réaction, on a donc :

$$R_n^2 = (m\omega^2 x_1 \cos\alpha)^2 + (2m\omega x_1' \sin\alpha)^2,$$

ou encore, en appelant r la distance OM (comptée positivement dans le sens OA) : $R_n^2 = m^2 \omega^2 \sin^2\alpha\,(\omega^2 r^2 \cos^2\alpha + 4r'^2)$; le mouvement est donc défini par l'égalité suivante (où ω est la valeur absolue de la vitesse de rotation) :

$$(1)\quad \frac{d^2r}{dt^2} = \omega^2 \sin^2\alpha - \varepsilon f\omega \sin\alpha \sqrt{\omega^2 r^2 \cos^2\alpha + 4r'^2} \qquad \left(\begin{array}{l}\varepsilon = +1 \ \text{pour}\ r' > 0\\ \varepsilon = -1 \ \text{pour}\ r' < 0\end{array}\right)$$

Si on pose $\frac{r'}{r} = u$, il vient :

$$(2)\quad \frac{du}{dt} + u^2 = \omega^2 \sin^2\alpha - \varepsilon f\omega \sin\alpha \sqrt{\omega^2 \cos^2\alpha + 4u^2} \qquad \left(\begin{array}{l}\varepsilon = +1 \ \text{pour}\ u > 0\\ \varepsilon = -1 \ \text{pour}\ u < 0\end{array}\right),$$

d'où t en fonction de u par une quadrature $dt = \dfrac{du}{\varphi(u) - \varepsilon\psi(u)}$ qui peut s'effectuer à l'aide de logarithmes ; r est ensuite donné par une nouvelle quadrature élémentaire : $Lr = \int u\,dt = \int \frac{u}{\mathring{u}}\,du$.

Quand, à l'instant t, r' est nul, deux cas sont à distinguer. Soit d'abord $\omega^2 \sin^2\alpha \lessgtr f\omega \sin\alpha \sqrt{\omega^2 \cos^2\alpha}$, c'est-à-dire (ω, sin α et cos α, étant positifs) tg $\alpha \lessgtr f$: le point reste au repos. Si au contraire tg α est supérieur à f, le point se met en mouvement dans le sens marqué par $\omega^2 r \sin\alpha$, c'est-à-dire que u (qui est nul à l'instant t) commence par croître, et vérifie l'équation (1) où ε est égal à $+1$.

La discussion du mouvement peut être menée jusqu'au bout. Quand tg α est moindre que f, l'équation (1) montre que r'' est toujours de signe contraire à r' et plus grand en valeur absolue que $|\omega^2 r \sin\alpha\,(f\cos\alpha - \sin\alpha)|$ il suit de là que M doit s'arrêter au bout d'un temps fini, à moins qu'il ne tende vers 0 quand t croît indéfiniment. Pour une raison analogue, dans le cas où tg α est plus grand que f, M doit s'éloigner indéfiniment, à moins que r ne tende vers zéro avec $\frac{1}{t}$. La discussion précise se résume ainsi:

Soit u_0 la valeur initiale de $\dfrac{r'_0}{r_0}$ et soit u_1^2, u_2^2 les deux racines de l'équation en u^2:

$$(\omega^2 \sin^2\alpha - u^2) = f^2 \omega^2 \sin^2\alpha \cdot (\omega^2 \cos^2\alpha + 4u^2),$$

racines qui sont toujours réelles. Quand tg α est plus grand que f, elles sont positives, séparées par la valeur $\omega^2 \sin^2\alpha$, et la plus petite u_1^2 vérifie l'équation:

$$(3) \qquad \omega^2 \sin^2\alpha - u^2 - f\omega \sin\alpha \sqrt{\omega^2\cos^2\alpha + 4u^2} = 0,$$

la plus grande u_2^2 vérifie l'équation:

$$(4) \qquad \omega^2 \sin^2\alpha - u^2 + f\omega \sin\alpha \sqrt{\omega^2\cos^2\alpha + 4u^2} = 0$$

Pour tg $\alpha < f$, u_1^2 est négatif (nul pour tg $\alpha = f$), u_2^2 est positif et vérifie l'équation (4). Ceci posé, le tableau de discussion (où on peut toujours supposer $r_0 > 0$) est le suivant:

tg $\alpha < f$	$r'_0 > 0$		u décroît jusqu'à zéro, M s'éloigne de 0 et s'arrête au bout du temps $T = \int_{u_0}^{0} \dfrac{du}{\varphi(u)-\psi(u)}$ en un point r, $= \int_{u_0}^{0} \dfrac{u\,du}{\varphi(u)-\psi(u)}$
	$r'_0 < 0$	$u_0^2 < u_2^2$	u croît jusqu'à zéro, M s'arrête entre M_0 et 0 au bout du temps $T = \int^{0} \dfrac{du}{\varphi(u)+\psi(u)}$
		$u_0^2 > u_2^2$	u décroît d'abord jusqu'à $-\infty$ et M atteint l'origine en un temps $T_1 = \int_{u_0}^{-\infty} \dfrac{du}{\varphi(u)+\psi(u)}$ puis s'arrête en un temps fini au delà du point 0.
		$u_0 = -u_2$	u est constant, M tend vers le point 0 quand t croît indéfiniment.
tg $\alpha > f$	$r'_0 > 0$	$u_0^2 < u_1^2$	u croît d'abord jusqu'à 0, r croît indéfiniment avec t
		$u_0^2 > u_1^2$	u décroît et tend vers u_1, (id)
		$u_0 = u_1$	u est constant, $u \equiv +u_1$, (id)
	$r'_0 < 0$	$u_1^2 < u_2^2$	u croît d'abord jusqu'à 0 et M arrive en un temps $T_1 = \int^{0} \dfrac{du}{\varphi(u)+\psi(u)}$ en un point M, compris entre 0 et M_0 puis rétrograde et s'éloigne indéfiniment.
		$u_0^2 > u_2^2$	u décroît d'abord jusqu'à $-\infty$ et M atteint l'origine en un temps $T_1 = \int_{u_0}^{-\infty} \dfrac{du}{\varphi(u)+\psi(u)}$ puis M s'éloigne indéfiniment de l'autre côté du point 0.
		$u_0 = -u_2$	u est constant, $u \equiv -u_2$, M tend vers 0 quand t croît indéfiniment.

$$\text{tg}\,\alpha = f \left| \begin{array}{l} r_0'' > 0 \quad \{ u \text{ décroît et tend vers zéro}, \ r \text{ croît indéfiniment avec } t. \\[4pt] r_0' < 0 \left\{ \begin{array}{l} u_0^2 < u_2^2 \ \Big| \ u \text{ croît jusqu'à zéro et } M \text{ arrive en un temps fini } T_1 = \int_{u_0}^{0} \dfrac{du}{\varphi(u) + \psi(u)} \\ \qquad\qquad \text{en un point } M_1 \text{ (compris entre } 0 \text{ et } M_2) \text{ où il s'arrête.} \\[4pt] u_0^2 > u_2^2 \ \Big| \ u \text{ décroît d'abord jusqu'à } -\infty, \text{ et } M \text{ attend l'origine, puis } M \text{ s'éloigne} \\ \qquad\qquad \text{indéfiniment de l'autre côté du point } 0 \\[4pt] u_0 = -u_2 \quad u = u_2 \ , M \text{ tend vers } 0 \text{ quand } t \text{ croît indéfiniment.} \end{array} \right. \end{array} \right.$$

Enfin dans l'hypothèse $r_0' = 0$ (ou $u_0 = 0$), le point M reste au repos si on a $\text{tg}\,\alpha < f$, r croît (u devient positif) et M s'éloigne indéfiniment dans le cas $\text{tg}\,\alpha > f$. — On rétablira aisément tous les résultats du tableau précédent.

Systèmes dont le centre de gravité décrit une courbe donnée.

Dans certains cas, l'étude du mouvement d'un système S se ramène à l'étude du mouvement d'un point sur une courbe. C'est ce qui a lieu notamment quand le centre de gravité G de S est assujetti à décrire une courbe Γ fixe (ou variable avec le temps suivant une loi donnée). Le point G se meut comme si toutes les forces extérieures y étaient appliquées: lors donc que la somme géométrique (F) de ces forces ne dépend que de la position de G de sa vitesse et du temps, le mouvement du point G est celui d'un point isolé de masse M soumis à la force active F et assujetti à glisser sur la courbe Γ.

Par exemple, si S est un solide pesant dont le centre de gravité G est mobile avec frottement sur une courbe fixe Γ, le mouvement de G est celui d'un point pesant mobile sur Γ et le mouvement de S autour du point G est donné par la théorie classique.

Systèmes comprenant une courbe mobile C sur laquelle glisse un point M du système.

Dans beaucoup de cas particuliers, on pourra, pour de tels systèmes, étudier à part le mouvement de M sur C. Supposons, par exemple que C soit une courbe plane matérielle pesante articulée autour d'un axe vertical Oz situé dans son plan et sur laquelle un point pesant M glisse avec frottement.

Soit θ l'angle que fait le plan zOx_1 de la courbe avec le plan fixe zOx, et A le moment d'inertie de la courbe

C par rapport à Oz; le théorème des aires appliqué à Oz donne:

$$(A + mr^2)\,\theta' = C^{te}, \quad \text{ou} \quad \theta' = \frac{C}{A + mr^2}$$

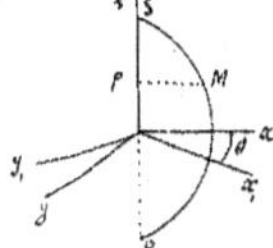

Étudions le mouvement de M par rapport aux axes $Ox_1\, y_1\, z$ liés à C. La force d'entraînement $m(\gamma_e)$, a une composante dirigée de M vers P égale à $mx_1\theta'^2$, et une composante normale au plan $z_1 ox$ et égale a $mx_1\theta''$ (si on la compte positivement dans le sens oy_1); enfin la force centrifuge composée est égale à $2m\theta'x_1'$ (comptée suivant oy_1.) Soit donc s l'arc de la courbe C compté positivement dans le sens du mouvement, $x_1(s)$ et $z(s)$ les coordonnées x_1, z d'un point de C, le mouvement de M vérifie l'égalité:

$$(1) \quad m\,\frac{d^2 s}{dt^2} = -mg\,\frac{dz}{ds} + mx_1\,\frac{dx_1}{ds}\,\frac{C^2}{(A + mx_1^2)^2} - f\,R_n,$$

avec

$$R_n = \sqrt{\left\{\frac{s'^2}{\rho} - g\,\frac{dx_1}{ds} + x_1\,\frac{dz}{ds}\,\frac{C^2}{(A + mx_1^2)^2}\right\}^2 + 4s'^2\left(\frac{dx_1}{ds}\right)^2 \frac{A^2 C^2}{(A + mx_1^2)^4}},$$

ρ désignant le rayon de courbure de C en M, compté positivement dans la demi-direction normale

$$-\frac{dz}{ds}, \frac{dx_1}{ds}.$$

Le mouvement de M sur C est le mouvement d'un point mobile avec frottement sur une courbe plane fixe et soumis à une force active donnée (fonction de la position et de la vitesse du point).

Quand dans l'exemple précédent la courbe C, au lieu d'être plane est gauche, soit $x_1(s)$, $y_1(s)$, $z(s)$ les coordonnées d'un point M de S par rapport aux axes $Ox_1\, y_1\, z$ liés invariablement à C. Le théorème des aires donne encore, en appelant θ l'angle du plan zox_1 avec le plan zox, et A le moment d'inertie de C par rapport à Oz

$$\left[A + m(x_1^2 + y_1^2)\right]\theta' + m\left(x_1\frac{dy_1}{ds} - y_1\frac{dx_1}{ds}\right)s' = C;$$

si on applique le théorème de Coriolis, la force $m(\gamma_e)$ dépend de θ' et de θ'', par suite de s' et de s'', et si on applique les équations intrinsèques en prenant comme force active $(F'_r) = m(g) - m(\gamma_e) - m(\gamma_c)$, on obtient une équation analogue à (1), mais où le radical renferme s'' au second degré : d'où une équation en s, s', s'', du second degré en s'', pour définir $s(t)$. [1]

Exemple. - Un tube matériel rectiligne OL est fixé en O et son extrémité L est assujettie à glisser sans frottement sur un plan horizontal. Un point matériel pesant M glisse avec frottement dans le tube OL :

Mouvement du système OL et M.

La droite OL fait avec Oz l'angle constant α. La position du système est définie par l'angle θ que fait le plan zOL avec le plan zOx, et par la distance r du point M au point O (comptée positivement dans le sens OL). Le mouvement du système satisfait aux deux équations :

$$\theta' = \frac{c}{A + mr^2},$$

$$r'' = -g\cos\alpha + r\sin^2\alpha \, \frac{c^2}{(A + mr^2\sin^2\alpha)^2} - \varepsilon f R_n \qquad \left(\begin{array}{l} \varepsilon = 1 \ \text{pour} \ r' > 0 \\ \varepsilon = -1 \ \text{pour} \ r' < 0 \end{array}\right)$$

avec $R_n = \sin\alpha \sqrt{\left\{\dfrac{r\cos\alpha \, c^2}{(A + mr^2\sin^2\alpha)^2} - g\right\} + 4r'^2 \dfrac{A^2 c^2}{(A + mr^2\sin^2\alpha)^4}}$,

l'équation qui donne $r(t)$ peut s'écrire en posant $r'^2 = u$:

$$\frac{1}{2}\frac{du}{dr} = \frac{r\sin^2\alpha \, c^2 - g\cos\alpha(A + mr^2\sin^2\alpha) - \varepsilon f \sin\alpha \sqrt{4u A^2 c^2 + \left\{r\cos\alpha \, c^2 - g(A + mr^2\sin^2\alpha)\right\}^2}}{A + mr^2\sin^2\alpha}$$

Cette équation du premier ordre ne peut s'intégrer : quand on suppose $g = 0$, et m négligeable devant la masse de OL, θ' est sensiblement constant et on rentre dans le problème discuté à la page 65.

Mouvement d'un point sur une surface dépolie.

1 - Cas où la surface est fixe.

Les équations intrinsèques du mouvement sont alors (voir 1ᵉʳ partie, p. 62) :

---

[1] Dans le cas où la courbe est plane, R_n est indépendant de f, au lieu que R_n dépend de f si la courbe est gauche. La racine de l'équation du second degré en s'' doit correspondre au signe $-$ du radical qui donne R_n.

$$(1)\quad \begin{cases} m\dfrac{dv}{dt} = F'_t - f\left|\dfrac{mv^2}{R} - F'_n\right|, \\[2mm] m\,\dfrac{v^2}{\rho}\sin\theta = F'_p \end{cases};$$

θ désigne l'angle que fait la binormale MN à la trajectoire avec le plan tangent à Σ, F'_p la composante de F suivant la projection MN' de MN sur le plan tangent (MN' est normale à la trajectoire); ρ est le rayon de courbure de la trajectoire et R le rayon de courbure de la section normale de Σ tangente à la trajectoire, ce dernier compté positivement, ainsi que F'_n, dans le sens MN choisi arbitrairement sur la normale à Σ. On a

$$\rho = |R\,\mathrm{tg}\,\theta|.$$

Quand v est nul, M reste au repos si on a $F'_t \lessgtr f|F'_n|$, sinon, M se met en mouvement dans le sens de F'_t, ce qui fixe la direction M_t, et les équations (1) s'appliquent.

Chaque fois que la ligne d'action de F' coincide constamment avec la vitesse du point M, F'_p est nul, et le point M décrit une géodésique de Σ. Si donc on sait calculer les géodésiques de la surface, le problème est ramené à l'étude du mouvement d'un point mobile avec frottement sur une courbe fixe.

I. _ Exemple. _ Mouvement d'un point mobile avec frottement sur une surface de révolution Σ dans un milieu résistant, aucune autre force active ne s'exerçant sur le point.

Définissons la position du point M par les coordonnées polaires r et θ de sa projection sur le plan xoy (l'axe de révolution étant oz). Les géodésiques de Σ sont données par l'égalité (voir 1ère partie page 200):

$$\theta = \int_{r_0}^{r} \frac{\sqrt{1+\varphi'^2}}{r\sqrt{Cr^2-1}}\,dr;$$

r_0 et C étant deux constantes. D'autre part soit $z=\varphi(r)$ l'équation de la surface, α l'angle que fait avec la tangente au méridien la tangente en M à la géodésique $\left(\sin\alpha = \frac{1}{r\sqrt{C}}\right)$, R_1 et R_2 les rayons de courbure de la méridienne et de la section normale tangente au méridien: on a, en supposant, pour fixer les idées, que la surface Σ est convexe:

$$\frac{1}{R^2} = \frac{\cos^2\alpha}{R_1^2} + \frac{\sin^2\alpha}{R_2^2} = \frac{\varphi''^2}{(1+\varphi'^2)^3}\frac{1}{r^2}\left(r^3-\frac{1}{C}\right) + \frac{r^2(1+\varphi'^2)}{\varphi'^2}\frac{1}{r^2C} = \psi(r).$$

φ', φ'' désignant les dérivées premières et secondes de $\varphi(r)$. L'équation $m \dfrac{dv}{dt} = F_t$ s'écrit alors, en supposant que la résistance est égale en valeur absolue à $m\, G(v)$:

$$(1) \quad \frac{dv}{dt} = \varepsilon \sqrt{\frac{C r^2 + 1}{C r^2 (1 + \varphi'^2)}}\; \frac{d\frac{v^2}{2}}{dr} = - G(v) - f v^2 \sqrt{\psi(r)} \;, \quad \left(\begin{array}{l} \varepsilon = +1 \text{ pour } \frac{dr}{ds} > 0 \\ \varepsilon = -1 \text{ pour } \frac{dr}{ds} < 0 \end{array} \right)$$

Cette équation est une équation de Bernouilli en $v^2(r)$ quand $G(v)$ est de la forme $A v^2 + B v^n$, n désignant une constante quelconque ; l'intégration s'effectue lors même que A, B, C dépendent de la position de M, par suite de r (une fois θ exprimé en fonction de r et de C, r_0).

En particulier, supposons que la résistance du milieu soit nulle, et que Σ soit une surface fermée convexe sans points singuliers ; $\psi(r)$ est compris (sur la surface) entre deux limites positives α^2 et β^2. Le mouvement vérifie l'égalité $V^2 = V_0^2\, e^{-2H(r)}$, $H(r)$ étant la fonction :

$$2 f \int\!\!\int_{s_0}^{s} \sqrt{\psi(r)}\, ds = 2 f \int_{r_0}^{r} \pm \sqrt{\frac{\psi(r) \cdot C r^2 (1 + \varphi'^2)}{C r^2 - 1}}\; dr \;,$$

s va toujours en croissant avec le temps et s croît indéfiniment ; car v ne saurait s'annuler puisque $H(r)$ reste fini tout le long de la géodésique ; d'autre part, v tend vers zéro quand t tend vers $+\infty$, car $H(r)$ tend vers $+\infty$. Si notamment Σ est une sphère de rayon R, M décrit indéfiniment un grand cercle de la sphère avec une vitesse

$$V = \frac{1}{\dfrac{1}{V_0} + \dfrac{f}{R}(t - t_0)}$$

II. Mouvement d'un point pesant mobile avec frottement sur un plan incliné —

La force de frottement est égale à $f m g \cos i$. (i désignant l'inclinaison du plan sur l'horizon). Le point se meut comme un point pesant (la pesanteur étant $g \sin i$), soumis à une résistance constante et égale à $f m g \cos i$. Quand la vitesse du point M est nulle, le point reste au repos ou descend d'un mouvement uniformément accéléré sur une ligne de plus grande pente, suivant qu'on a $tg\, i < f$ ou $tg\, i > f$.

Le problème en question n'est donc qu'un cas particulier

au problème classique où un point est soumis à la fois à la pesanteur g et à une résistance $R(v) = m g \, \varphi(v)$ (voir Appell, Mécanique rationnelle, Tome I pages 341–347). Quand on prend pour variables la vitesse absolue V et l'angle aigu α que fait cette vitesse avec une horizontale du plan, les équations intrinsèques du mouvement donnent aussitôt.

$$(1) \qquad \frac{dv}{dt} = -g\left[\sin\alpha + \varphi(v)\right] \quad , \quad -v\frac{d\alpha}{dt} = g\cos\alpha \quad , \quad \text{et par suite}$$

$$(2) \qquad \frac{dv}{v\,d\alpha} = \operatorname{tg}\alpha + \frac{\varphi(v)}{\cos\alpha} .$$

Cette équation (2) s'intègre et permet de discuter le mouvement chaque fois que $\varphi(v)$ est de la forme $a + b\,v^2$. En particulier, quand $\varphi(v)$ se réduit à la constante $a = f \operatorname{cotg} i$, et quand $g = g \sin i$, on a :

$$(3) \qquad \frac{dv}{v\,d\alpha} = \operatorname{tg}\alpha + \frac{a}{\cos\alpha} \qquad \frac{d\alpha}{dt} = -g\sin i \cdot \frac{\cos\alpha}{v} ,$$

d'où :

$$(4) \qquad v = \frac{C\left[\operatorname{tg}\left(\frac{\alpha}{2} + \frac{\pi}{4}\right)\right]^{a}}{\cos\alpha} \qquad \text{et}$$

$$(5) \qquad t = -\frac{1}{g\sin i}\int_{\alpha_0}^{\alpha} \frac{v\,d\alpha}{\cos\alpha} \;,\quad x = -\frac{1}{g\sin i}\int_{\alpha_0}^{\alpha} v^2\,d\alpha \;,\quad y = \frac{1}{g\sin i}\int_{\alpha_0}^{\alpha} v^2\operatorname{tg}\alpha\,d\alpha$$

x et y désignent les coordonnées du point M rapporté à l'horizontale $M_0 x$ qui fait un angle aigu avec la vitesse initiale et à la ligne de plus grande pente $M_0 y$ menée de bas en haut.

Quand t croît à partir de zéro, l'angle aigu α décroît à partir de α_0, et cela tant que $\cos\alpha$ ne s'annule pas, c'est-à-dire tant que α n'atteint pas la valeur $-\frac{\pi}{2}$. Quand α tend vers $-\frac{\pi}{2}$ trois cas sont possibles :

$1^{\underline{o}}$ soit $a > 1$ c'est-à-dire $\operatorname{tg} i < f$. Quand α tend vers $-\frac{\pi}{2}$, v tend vers zéro ; si on pose $\alpha = -\frac{\pi}{2} + \beta$, on a d'après (4) $v = \frac{C}{2^a}\beta^{a-1}(1+\varepsilon)$, ε tendant vers zéro avec β ; t tend vers une limite t ; d'après (5), car la quantité $\frac{v}{\cos\alpha} \times \beta^{2-a}$ est finie pour $\beta = 0$, il en est de même de x et y. Le point M s'arrête donc au bout d'un temps fini, et au point d'arrêt la tangente à la trajectoire est une ligne de plus grande pente.

$2°$ — Soit $a = 1$ ou $tg\,i = f$. Quand α tend vers $-\frac{\pi}{2}$, u tend vers $\frac{c}{2}$, t croît indéfiniment; x tend vers une limite finie, y croît indéfiniment; le point s'éloigne indéfiniment sur une branche de courbe asymptote à une certaine ligne de plus grande pente, sa vitesse tendant vers une limite finie.

$3°$ — Soit $a < 1$, ou $tg\,i > f$. Le mouvement est le même que dans le 2e cas, si ce n'est que v croît indéfiniment avec t.

Enfin, dans cette discussion, α a été pris comme variable indépendante, ce qui exige que α ne reste pas constant dans le mouvement. Ce cas exceptionnel ne se présente que si le point est lancé suivant une ligne de plus grande pente, auquel cas le mouvement est rectiligne (voir page 58)

Observons que si le point M est en outre soumis à une résistance $R(v) = a + b v^n$, le frottement ne fait que modifier la constante a.

III — Petits mouvements d'un point pesant sur une surface dans le voisinage d'une position d'équilibre stable. —

Considérons un point O d'une surface où le plan tangent est horizontal et admettons que dans le voisinage de ce point, la surface Σ soit convexe et tourne sa convexité vers le bas. Prenons comme axes des z la verticale Oz menée de bas en haut, et comme axes des x et des y deux directions normales dans le plan tangent en O à Σ.

Pour tous les points de Σ compris entre les plans $z = 0$ et $z = a$, le plan tangent fait avec le plan de l'horizon un angle i moindre que $\frac{\pi}{2}$; soit i_1 la valeur minima de i; la force de frottement, qui est égale dans le cas actuel à $f\left[\frac{m v^2}{R} + m\,g\cos i\right]$, est supérieure en tout point de Σ à $f m g \cos i_1$. — Marquons enfin autour du point O la région Σ' pour laquelle $tg\,i$ reste inférieur ou égal à f.

Quand le point M est abandonné sans vitesse en un point M_0 de M (d'ordonnée z_0 moindre que a) il reste au repos si M_0 appartient au domaine Σ'; sinon, il commence à descendre dans une direction tangente à la ligne de plus grande pente passant par M_0. Je dis qu'il s'arrêtera au bout d'un temps fini; en effet, s désignant le chemin total parcouru par le point M entre l'instant zéro et l'instant t on a:

$$\frac{v^2}{2} \leqslant g\,(z_0 - z) - f g \cos i_1 \cdot s,$$

égalité qui montre que M reste au-dessous du plan $z = z_0$ et que s doit tendre vers une certaine limite s_1; M tend donc vers un certain point M_1. Je dis que M atteint M_1 en un temps fini et y reste: Autrement M tendrait vers M_1 quand t croîtrait indéfiniment, la vitesse v tendant vers zéro; or le point M se meut sur la trajectoire $M M_1$ comme un point pesant mobile avec frottement sur cette courbe, et la discussion de la page 60 montre que M ne peut tendre vers M_1 quand t tend vers l'infini (1). Donc M tend vers M_1 en un temps fini: le point M_1 appartient nécessairement au domaine Σ' ou à son contour; l'égalité $\frac{m v^2}{R} tg\, \theta = F'_p$ montre que F'_p est nul au point d'arrêt, c'est-à-dire que la trajectoire est tangente à une ligne de plus grande pente.

Si M était abandonné en M_0 avec une vitesse v_0 moindre que $2g(a - z_0)$, l'inégalité $\frac{v^2}{2} - \frac{v_0^2}{2} < 2g(z_0 - z)$ montre que z ne peut dépasser a, et il résulte encore du raisonnement précédent que M s'arrête au bout d'un temps fini.

Supposons maintenant que z_0 et v_0 soient très petits; on a, quel que soit t, $z < z_0 + \frac{v_0^2}{2g}$ et $v^2 < v_0^2 + 2g z_0$. Convenons de négliger devant les quantités z_0 ou v_0 les quantités $z_0^2, z_0 v_0, v_0^2,$ et, pour écrire les équations du mouvement, choisissons comme axes des x et des y les tangentes aux sections principales en O de Σ; on a alors:

$$z = a^2 x^2 + b^2 y^2 + c x^3 + \dots$$

et les équations de Lagrange relatives à x, y donnent, en ajoutant dans les seconds membres le terme dû au frottement

---

(1) —— Ce raisonnement suppose toutefois qu'au point M_1 la trajectoire admet une tangente continue. Pour ne pas recourir à cette hypothèse, on peut raisonner ainsi: si M_1 est intérieur au domaine Σ', comme dans le voisinage de M_1, M est soumis à une force retardatrice supérieure à une certaine limite, v s'annule au bout d'un temps fini et M_1 reste au repos. Si M_1 est extérieur à Σ' ou sur son contour, on écrit les équations du mouvement en confondant la surface avec son plan tangent en M_1 (les termes ainsi laissés de côté sont négligeables quand la distance $M M_1$ tend vers zéro); on est ramené ainsi au cas du plan incliné dans l'hypothèse $tg\, i \geqslant f$, et M ne peut tendre vers M_1 quand t croît indéfiniment.

$$(1) \quad \begin{cases} x''(1+\cdots) + \cdots = -2\,g\,a^2 x + \cdots - fg\,\dfrac{x'+\cdots}{\sqrt{x'^2+y'^2+\cdots}} \\[2ex] \cdots\quad y''(1+\cdots) = -2\,g\,f^2 y + \cdots - fg\,\dfrac{y'+\cdots}{\sqrt{x'^2+y'^2+\cdots}} \end{cases}$$

les termes non écrits étant négligeables d'après la convention énoncée (et cela lors même que f serait très petit, de l'ordre de z_0 et de v_0). Nous sommes ainsi ramenés au problème du mouvement d'un point mobile dans un plan $x\,0\,y$, soumis à la force $X=-k^2 x$, $Y=-l^2 y$, et à une résistance constante. En particulier quand 0 est un ombilic de la surface (ce qui a lieu nécessairement si Σ est une sphère) k^2 est égal à l^2, et le point x, y se meut sensiblement comme s'il était attiré par l'origine 0 proportionnellement à la distance dans un milieu de résistance constante.

Les équations (1) ne peuvent s'intégrer; quand f n'est pas très petit, une première approximation du mouvement s'obtient immédiatement en négligeant les termes $2\,g\,a^2 x$, $2\,g\,b^2 y$; le point (x,y) est animé sensiblement d'un mouvement rectiligne uniformément retardé et s'arrête au bout d'un temps très-court; mais l'approximation suivante (où on tient compte des termes du premier degré en x et en y), approximation qui est indispensable si f est très-petit, est beaucoup plus délicate.

II — Cas où la surface est mobile.

Nous avons indiqué (voir page 8) le moyen de mettre le problème en équations dans tous les cas. Mais le cas le plus intéressant est celui où la surface Σ se déplace d'un mouvement donné en restant invariable. Il suffit alors de rapporter le mouvement à de nouveaux axes liés à Σ pour rentrer dans le cas précédent, à condition d'ajouter aux forces actives les deux forces de Coriolis. Quand il n'y a pas de frottement, l'égalité des forces vives peut s'écrire dans le mouvement relatif en négligeant la force centrifuge composée (normale à la vitesse relative). Quand il y a frottement, cette force modifie la force de frottement, et par suite son travail.

Exemple. — Mouvement d'un point pesant mobile sur un plan vertical dépoli P qui tourne autour d'une de ses verticales

OZ avec la vitesse angulaire constante w.

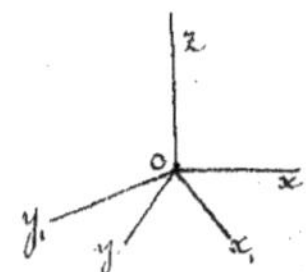

Soit x_1Oz le plan P, la force d'entraînement est égale à $-m\omega^2 x_1$, et la force centrifuge composée à $+2m\,\omega\dfrac{dx_1}{dt}$. Les équations du mouvement sont donc :

$$x_1'' = \omega^2 x_1 - 2\omega f\frac{|x_1'|x_1'}{\sqrt{x_1'^2+z'^2}} \quad,\quad z'' = -g - 2\omega f\frac{|x_1'|z'}{\sqrt{x_1'^2+z'^2}}$$

on les ramène à une équation du second ordre qu'on ne peut intégrer. Dans le cas particulier où g est nul et où la vitesse relative V_0 de M est normale à OZ, le mouvement de M est le mouvement rectiligne d'un point M repoussé par un centre fixe proportionnellement à la distance et soumis à une résistance proportionnelle à la vitesse (mouvement facile à discuter) ; quand V_0 est nul, M s'éloigne normalement à OZ.

Systèmes dont le centre de gravité G glisse avec frottement sur une surface Σ ——— On peut répéter à propos de ces systèmes ce qu'on a dit dans le cas où G glisse sur une courbe donnée : le mouvement de G est celui d'un point isolé de masse M glissant avec frottement sur Σ et auquel seraient appliquées toutes les forces extérieures du système. Quand ces forces extérieures sont données et ne dépendent à chaque instant t que de la position et de la vitesse de G, le mouvement du point G se calcule isolément à l'aide des procédés développés plus haut.

Systèmes qui renferment une surface solide mobile sur laquelle un point M glisse avec frottement. ———

On peut dans bien des cas particuliers, étudier isolément le mouvement de M sur Σ.

Exemple : Un cadre plan ZOX est articulé autour de l'axe vertical OZ, un point M glisse sur ce plan. Mouvement du système pesant.

Soit θ l'angle variable du plan ZO avec le plan fixe ZOX ; si A est le moment d'inertie du cadre par rapport à OZ, on a : $(A + m\,x_1^2)\,\theta' = C$. Le mouvement de M sur le plan P vérifie par suite les équations (voir page 68).

$$x_1'' = +\frac{C^2}{(A+mx_1^2)^2}\, x_1 - f\cdot\frac{R_n x_1'}{\sqrt{x_1'^2 + z_1^2}}\,, \qquad z'' = -g - f\, R_n\,\frac{z'}{\sqrt{x_1'^2 + z_1'^2}}\,,$$

avec
$$R_n = \left| 2\theta' x_1' + x_1 \theta'' \right| = \frac{2A\,|C x_1'|}{(A+mx_1^2)^2}\,,$$

système qui se ramène encore à une équation du second ordre non intégrable. Quand g est nul et quand la vitesse initiale de M est normale à OZ, le mouvement est rectiligne et donné par une équation du premier ordre.

Quand la surface S, au lieu d'être un plan, est une surface solide quelconque articulée autour d'un axe OZ que rencontrent toutes les forces extérieures au système (S, M), soit encore Ox, y, z trois axes liés à S, et soit P la projection de M sur le plan xOy, r la distance OP, φ l'angle x, OP, θ l'angle X, ox. On a :

$$(a) \qquad (A + m r^2)\,\theta' + r^2 \varphi' = C.$$

Si on écrit les équations du mouvement de M par rapport aux axes Ox, y, z, les deux forces de Coriolis dépendent de r, r', φ, φ' qui s'introduisent dans θ' et θ'' d'après (a), et dans le cas où la force active qui s'exerce sur M ne dépend que de $t, r, \varphi, r', \varphi'$; on a ainsi deux équations linéaires en r'', φ'' pour définir le mouvement, mais où les seconds membres dépendent de φ'' ; la réaction normale de S dépend de f.

Systèmes de solides où les réactions normales ne dépendent pas de la loi de frottement

Étudions maintenant le mouvement de certains systèmes formés de solides qui jouissent de cette propriété que les réactions normales des liaisons sont les mêmes que s'il n'y avait pas frottement. Cette particularité, comme nous l'avons dit, est toujours une cause d'importantes simplifications. Un exemple de tels systèmes est celui d'une sphère homogène assujettie à la seule liaison de glisser sur une surface donnée Σ : le centre G décrit une surface parallèle Σ' et la réaction normale est la réaction qui s'exercerait sur un point isolé G de masse M mobile sur Σ' et soumis à toutes les forces extérieures données.

De même, soit S et S' deux sphères homogènes de centre G et G', assujetties à la seule liaison de glisser l'une sur l'autre avec frottement. La composante suivant GG' de la réaction exercée par S sur S' ne diffère pas de la réaction qui s'exercerait sur G' si les deux points G et G' de masse M et M', liés par une tige rigide sans masse, étaient soumis respectivement aux forces données extérieures à S et à S'. C'est ce qui résulte aussitôt de l'application du théorème du mouvement du centre de gravité à chaque sphère S et S'.

Les mêmes remarques s'appliquent au mouvement d'un cercle homogène lancé dans son plan sur une courbe donnée, ou au mouvement de deux cercles glissant l'un sur l'autre dans leur plan commun.

Pour de tels systèmes, les liaisons ne sont jamais incompatibles du moment que les mêmes liaisons sans frottement sont compatibles, et pour des conditions initiales quelconques (qui ne correspondent pas au cas du frottement au repos) les équations de la mécanique définissent un mouvement et un seul. (voir page 53)

Exemple I Mouvement d'un cerceau lancé dans un plan vertical sur une droite ox horizontale ou inclinée (Le cerceau est homogène et pesant).

1ᵉʳ cas. La droite ox est horizontale – Soit r le rayon du cercle, x l'abcisse du centre G du cercle, θ l'angle AGM (compté dans le sens défini par xoy) que fait avec la verticale GM un rayon GA fixe dans le cercle. Le théorème du centre de gravité et celui des moments relatifs à G, donnent:

$$(1). \quad Mx'' = R_x, \qquad 0 = -Mg + R_y, \qquad Mr^2\theta'' = -r R_x.$$

La vitesse v du point matériel M du cerceau en contact avec ox est égale à $x' - r\theta'$; R_x est donc de signe contraire à cette quantité et égale en grandeur à $f R_y = f M g$. – D'où les égalités:

$$(2) \quad x'' = -\varepsilon f g, \qquad r\theta'' = \varepsilon f g, \qquad (\varepsilon = +1 \text{ pour } x' - r\theta' > 0, \ \varepsilon = -1 \text{ pour } x' - r\theta' < 0)$$

et par suite $x'' - r\theta'' = -2\varepsilon f g$. Si $x'_0 - r\theta'_0$ est positif, $x' - r\theta'$ décroît proportionnellement au temps et s'annule au bout du temps $\dfrac{x'_0 - r\theta'_0}{2fg}$. Si $x'_0 - r\theta'_0$ est négatif, $r\theta' - x'$ décroît proportionnellement au temps et s'annule au bout du temps $\dfrac{r\theta'_0 - x'_0}{2fg}$. Nous sommes donc ramenés, après un temps fini, au cas particulier du … au repos que nous avons laissé de côté.

Pour traiter ce cas, essayons d'abord la première hypothèse, celle où $x' - r\theta'$ reste nul : si on détermine dans les équations (1), R_x de façon que $x'' - r\theta''$ soit nul, on trouve $R_x = 0$, donc $R_x \lessgtr f R_y$. La première hypothèse est admissible.[1] Je dis qu'elle est seule admissible. Dans la seconde hypothèse en effet, les équations (2) doivent être vérifiées, ε ayant un signe tel que $x'' - r\theta''$ soit de signe contraire à $\varepsilon f g$, ce qui est impossible puisque $x'' - r\theta''$ est égal à : $2 \varepsilon f g$.

La discussion du mouvement est dès lors achevée : dans l'intervalle de temps $t = 0$ à $t = \dfrac{|x'_0 - r\theta'_0|}{2 f g} = t_1$, on a :

$$x = -\frac{\varepsilon f g t^2}{2} + x'_0 t + x_0 \, , \qquad \theta = + \varepsilon \frac{f g t^2}{2} + \theta'_0 t + \theta_0 \, ,$$

ε ayant la valeur $+1$ ou -1 suivant que $x'_0 - r\theta'_0$ est positif ou négatif ; au delà de l'instant t_1, x' et θ' restent constants ; et le cercle roule uniformément sur la droite). Dans l'intervalle de temps 0 à t_1, le frottement diminue la force vive $2T$ du système de la quantité $\dfrac{M}{2} (x'_0 - r\theta'_0)^2$, quantité indépendante de f et toujours moindre que $2T_0$ (sauf pour $x'_0 = -r\theta'_0$) ; au delà de l'instant t_1 la force vive reste constante (Voir à ce sujet la note sur le frottement de roulement qui termine ces leçons).

En particulier, quand θ'_0 est négatif et très grand et quand x'_0 est positif, x croît avec t tant que t n'atteint pas la valeur $t_2 = \dfrac{x'_0}{f g} < \dfrac{x'_0 - r\theta'_0}{2 f g}$, puis le centre de gravité rétrograde et s'éloigne indéfiniment du côté des x négatifs. De même, si θ'_0 est positif et x'_0 négatif et très grand, θ croît tant que t n'atteint pas la valeur $\dfrac{r\theta'_0}{f g} < \dfrac{r\theta'_0 - x'_0}{2 f g}$, puis la rotation change de sens, et le cercle tourne indéfiniment dans le sens négatif.

2° La droite ox est inclinée. — Soit i l'inclinaison de ox, les équations du mouvement sont :

$$x'' = g \sin i - \varepsilon f g \cos i \, , \quad r\theta'' = \varepsilon f g \cos i \, , \quad \begin{pmatrix} \varepsilon = 1 \ \text{pour} \ x' - r\theta' > 0 \\ \varepsilon = -1 \ \text{pour} \ x' - r\theta' < 0 \end{pmatrix}$$

on tire de là : $x'' - r\theta'' = g \sin i - 2\varepsilon f g \cos i$.

---

[1] D'après une remarque de la page 49, la chose était évidente si on observait que dans le mouvement sans frottement, x' et θ' sont constants, et que $x' - r\theta'$ est identiquement nul, s'il est nul à l'instant t_0.

Dans le cas $\operatorname{tg} i > 2f$, $x'' - r\theta''$ est positif quel que soit le signe de ε et $x' - r\theta'$ croît constamment avec t tant qu'il ne s'annule pas. Dans le cas $\operatorname{tg} i < 2f$, $x'' - r\theta''$ est de signe contraire à $x' - r\theta'$, et $|x' - r\theta'|$ décroît. Enfin, dans le cas $\operatorname{tg} i = 2f$, $x' - r\theta'$ reste constant si $x'_0 - r\theta'_0$ est positif, et $|x' - r\theta'|$ décroît d'abord si $x'_0 - r\theta'_0$ est négatif.

Pour ce qui est du frottement au repos, plaçons nous dans la première hypothèse : $x' - r\theta' = 0$; les équations

$$M x'' = Mg \sin i + R_x, \qquad M r\theta'' = - R_x, \qquad R_y = Mg,$$

jointes à $x'' - r\theta'' = 0$, donnent $R_x = \dfrac{Mg \sin i}{2}$, et l'hypothèse est admissible si on a $\operatorname{tg} i \leq 2f$. Quant à la seconde hypothèse, elle exige que pour une des valeurs de ε, $x'' - r\theta''$ soit du signe de $\varepsilon f g \cos i$, ce qui n'est possible que dans le cas $\operatorname{tg} i > 2f$, et pour $\varepsilon = \pm 1$. (1)

La discussion du mouvement est dès lors immédiate : si $\operatorname{tg} i$ est supérieur à $2f$, $x' - r\theta'$ croît proportionnellement au temps, mais quand $x'_0 - r\theta'_0$ est négatif le coefficient de proportionalité saute de la valeur $g (\sin i + 2f \cos i)$ à la valeur $g (\sin i - f \cos i)$ quand t traverse la valeur $\dfrac{r\theta'_0 - x'_0}{g(\sin i + 2f\cos i)}$. Dans le cas $\operatorname{tg} i < 2f$, $|x' - r\theta'|$ décroît et s'annule au bout d'un temps fini, puis reste nul. Enfin dans le cas intermédiaire $\operatorname{tg} i = 2f$, $|x' - r\theta'|$ s'annule au bout d'un temps fini et reste nul quand $x'_0 - r\theta'_0$ est négatif ; quand $x'_0 - r\theta'_0$ est positif, $x' - r\theta'$ reste constant. Chaque fois que $x' - r\theta'$ s'annule, les accélérations subissent une discontinuité.

Le tableau suivant résume la discussion :

---

(1) On peut dire encore que dans le cas $\operatorname{tg} i \leq 2f$, la valeur absolue de $|x' - r\theta'|$ est décroissante ou constante quand elle n'est pas nulle ; si elle est égale à h pour $t_0 + dt$, elle est supérieure ou égale à h pour tous les instants antérieurs et ne peut être nulle à l'instant t_0.

		t	accélération de x	accélération de θ
$tg\,i > 2f$ ($x'-r\theta'$ croît indéfiniment)	$x'_0 - r\theta'_0 \geqslant 0$	de 0 à $+\infty$	$g(\sin i - f\cos i)$	$\dfrac{fg\cos i}{r}$
	$x'_0 - r\theta'_0 < 0$	$t < \dfrac{r\theta'_0 - x_0}{g(\sin i + 2f\cos i)}$	$g(\sin i + f\cos i)$	$-\dfrac{fg\cos i}{r}$
		$t > \dfrac{r\theta'_0 - x_0}{g(\sin i + 2f\cos i)}$	$g(\sin i - f\cos i)$	$+\dfrac{fg\cos i}{r}$
$tg\,i = 2f$	$x'_0 - r\theta'_0 > 0$ ($x'-r\theta'$ reste constant)	de 0 à $+\infty$	$\dfrac{g}{2}\sin i$	$\dfrac{g}{2r}\cos i$
	$x'_0 - r\theta'_0 < 0$	$t < t_1 = \dfrac{2(r\theta'_0 - x'_0)}{3g\sin i}$	$g\sin i$	$-\dfrac{g}{2r}\sin i$
	($x'-r\theta'$ croît jusqu'à zéro et reste nul au delà de l'instant t_1)	$t > t_1$	$\dfrac{g\sin i}{2}$	$\dfrac{g\sin i}{2r}$
$tg\,i < 2f$ ($|x'-r\theta'|$ décroît jusqu'à zéro et reste nul au delà de l'instant t_1)	$x'_0 - r\theta'_0 > 0$	$t < t_1 = \dfrac{x'_0 - r\theta'_0}{g(2f\cos i - \sin i)}$	$g(\sin i - f\cos i)$	$\dfrac{fg\cos i}{r}$
		$t > t_1$	$\dfrac{g\sin i}{2}$	$-\dfrac{g\sin i}{2r}$
	$x'_0 - r\theta'_0 < 0$	$t < t_1 = \dfrac{x'_0 - r\theta'_0}{g(2f\cos i + \sin i)}$	$g(\sin i + f\cos i)$	$-\dfrac{fg\cos i}{r}$
		$t > t_1$	$\dfrac{g\sin i}{2}$	$\dfrac{g\sin i}{2r}$

En particulier, soit $x'_0 = 0$, $\theta'_0 < 0$; le centre G du cerceau commencera par remonter d'un mouvement uniformément accéléré dans le cas où $tg\,i$ est moindre que f et cela tant que t n'a pas atteint la valeur $t_1 = \dfrac{r|\theta'_0|}{g(2f\cos i - \sin i)}$; à l'instant t_1 la vitesse ascendante de G est $\dfrac{(f\cos i - \sin i)}{(2f\cos i - \sin i)}\, r|\theta'_0|$; elle est indépendante de g. Quant t croît au delà de t_1, le point G monte encore d'un mouvement uniformément retardé tant que t n'atteint pas la valeur $t_2 = t_1 + \dfrac{r|\theta'_0|(f\cos i - \sin i)}{(2f\cos i - \sin i)}\,\dfrac{g}{\frac{g}{2}\sin i}$, puis G redescend. Des circonstances analogues se présentent dans le cas $tg\,i < f$, si x'_0, au lieu d'être nul, est positif et suffisamment petit, θ'_0 étant toujours négatif: le point G descend d'abord d'un mouvement uniformément retardé et si on a: $x'_0 < \dfrac{(f\cos i - \sin i)}{2f\cos i - \sin i}\, r|\theta'_0|$, la vitesse de G s'annule à l'instant $t = \dfrac{x'_0}{f g\cos i}$, G remonte d'un mouvement accéléré dans l'intervalle t à t_1 (t_1 désignant la même valeur que ci-dessus) puis d'un mouvement retardé dans l'intervalle t_1 à $t_2 + \dfrac{2}{g\sin i}\left[\dfrac{(f\cos i - \sin i)\, r|\theta'_0|}{2f\cos i - \sin i} - x'_0\right]$ et redescend ensuite d'un mouvement accéléré.

Pour bien mettre en évidence la simplification qui résulte de ce fait que la composante normale de la réaction est indépendante de f, traitons immédiatement un exemple analogue au précédent mais qui ne présente plus cette particularité.

Exemple II — Un disque elliptique homogène et pesant, lancé dans un plan vertical, glisse avec frottement sur une droite horizontale. Mouvement du système.

Soit ξ, η les coordonnées du centre G de l'ellipse; θ l'angle aigu (positif ou négatif) que fait avec Ox le grand axe de l'ellipse ($\theta = x, \widehat{G}A$); soit de plus a et b les deux demi-axes de l'ellipse,

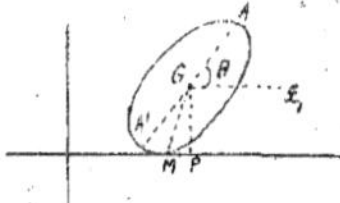

m sa masse, $m K^2 = m\left(\dfrac{a^2}{4} + \dfrac{b^2}{4}\right)$ son moment d'inertie par rapport à G. La relation entre ξ, η, θ qui résulte de la liaison s'obtient aussitôt en remarquant qu'une tangente à l'ellipse qui fait avec le grand axe un angle θ est à une distance GP du centre égale à $\sqrt{a^2\sin^2\theta + b^2\cos^2\theta}$. On a donc: $\eta = +\sqrt{a^2\sin^2\theta + b^2\cos^2\theta}$. D'autre part, la vitesse v du point M du disque en contact avec Ox est dirigée suivant Ox et égale en grandeur et en signe à $\xi' + u_x$, u_x désignant la projection sur Ox de la grandeur $GM.\theta'$ portée normalement à GM; u_x est donc égal (en valeur absolue à $\theta'.GP$, et comme son signe est celui de θ', on a: $v = \xi' + \theta'\sqrt{a^2\sin^2\theta+b^2\cos^2\theta}$. Quant à la composante de v suivant Oy, elle est nulle et égale d'autre part à $\eta'\ \overline{MP}.\theta'$, d'où il suit qu'on a:

$$\overline{MP} = \frac{\eta'}{\theta'} = \frac{(a^2-b^2)\sin\theta\cos\theta}{\sqrt{a^2\sin^2\theta+b^2\cos^2\theta}} ,$$

et comme le moment de la réaction R par rapport à G est égal à $R_x.\overline{GP} - R_y.\overline{MP}$, nous sommes en état d'écrire les équations du mouvement.

$$(1) \qquad \xi'' = R_x = -\varepsilon f R_y .$$

$$(2) \qquad \eta'' = \frac{a^2-b^2}{\sqrt{a^2\sin^2\theta+b^2\cos^2\theta}}\left[\cos\theta\sin\theta\,\theta'' + \frac{b^2\cos^4\theta - a^2\sin^4\theta}{a^2\sin^2\theta+b^2\cos^2\theta}\,\theta'^2\right] = -g + R_y.$$

$$(3) \qquad K^2\theta'' = R_x\eta) - R_y\frac{(a^2-b^2)\cos\theta\sin\theta}{\eta} = -R_y\left[\varepsilon f\sqrt{a^2\sin^2\theta+b^2\cos^2\theta} + \frac{(a^2-b^2)\cos\theta\sin\theta}{\sqrt{a^2\sin^2\theta+b^2\cos^2\theta}}\right]$$

ε étant égal à $+1$ ou à -1 et son signe devant être choisi de façon que la quantité εR_y ait le signe de $v = \xi' + \theta'\sqrt{a^2\sin^2\theta+b^2\cos^2\theta}$

Des équations (2) et (3) on tire:

$$(4) \qquad R_y\left[1 + \frac{(a^2-b^2)^2\cos^2\theta\sin^2\theta}{K^2(a^2\sin^2\theta+b^2\cos^2\theta)} + \varepsilon f\left(\frac{a^2-b^2}{K^2}\right)\cos\theta\sin\theta\right] = g + (a^2-b^2)\theta'^2\frac{(b^2\cos^4\theta - a^2\sin^4\theta)}{(a^2\sin^2\theta+b^2\cos^2\theta)^{3/2}}$$

Quand f est petit $\left(f < \frac{1}{2}\frac{a^2+b^2}{a^2-b^2}\right.$ par exemple$)$ R_y à le signe du second membre de (4); il faut donc prendre pour ε la valeur $+1$ si à l'instant t les quantités $v = \xi' + \eta\,\theta'$ et $\alpha = g + \frac{(a^2-b^2)}{\eta^2}(b^2\cos^2\theta - a^2\sin^2\theta)$ ont le même signe; ε est égal à -1 dans le cas contraire.

Il en est tout autrement pour les grandes valeurs de f:
Soit $\theta = \theta_0$ pour $t = t_0$ et soit $f > \dfrac{K^2}{(a^2-b^2)\cos\theta_0\,|\sin\theta_0|} + \dfrac{(a^2-b^2)\cos\theta_0\,|\sin\theta_0|}{\eta_0^2}$.

Le coefficient de R_y dans (4) est positif pour $\varepsilon = +1$ et négatif pour $\varepsilon = -1$, en sorte que les deux valeurs de ε conviennent si les quantités v_0 et α_0 sont de même signe, tandis qu'elles sont à rejeter si v_0 et α_0 sont de signes contraires. Étant données les conditions initiales $\theta_0, \xi_0, \theta_0', \xi_0'$, et $\theta_0, \xi_0, -\theta_0', -\xi_0'$, deux mouvements analytiquement possibles répondent à un de ces deux systèmes de conditions, au lieu que les liaisons sont incompatibles pour l'autre système. [1]

Plaçons-nous dans le cas $f < \frac{1}{2}\frac{a^2+b^2}{a^2-b^2}$. La discussion du frottement au repos peut être faite complètement; supposons, pour fixer les idées, θ_0 positif et petit, de même que θ_0'. À l'instant t_0, $v_0 = \xi_0 + \eta_0\,\theta_0'$ est nul: discutons d'abord la première hypothèse, celle où v reste nul; laissons indéterminées R_x et R_y dans les équations $(1),(2),(3)$, en ajoutant la condition:

$$ 0 = \frac{dv}{dt} \equiv \xi'' + \eta\,\theta'' + \eta'\,\theta' \equiv \xi'' + \sqrt{a^2\sin^2\theta + b^2\cos\theta}\;\theta'' + \frac{\theta'^2(a^2-b^2)\sin\theta\cos\theta}{\sqrt{a^2\sin^2\theta + b^2\cos^2\theta}}; $$

on trouve en éliminant ξ'' et θ'':

$$ R_x + \frac{1}{K^2}\left(\eta^2 R_x - R_y (a^2-b^2)\cos\theta\sin\theta\right) + \frac{\theta'^2(a^2-b^2)\sin\theta\cos\theta}{\eta} = 0, $$

$$ \frac{a^2 b^2}{K^2\eta}\cos\theta\sin\theta\left[R_x\,\eta - R_y\frac{(a^2-b^2)\cos\theta\sin\theta}{\eta}\right] + \frac{a^2 b^2}{\eta^2}\left(b^2\cos^4\theta - a^2\sin^4\theta\right)\theta'^2 = -g + R_y; $$

et la condition $|R_x| \leqslant f\,|R_y|$, donne ici:

$$ (5)\quad \left\{ \begin{aligned} &f\left\{ g\left(1+\frac{\eta^2}{K^2}\right) + \frac{a^2 b^2}{\eta}\,\theta'^2\left[\frac{b^2\cos^4\theta - a^2\sin^4\theta}{\eta^2} + \frac{b^2\cos^2\theta - a^2\sin^2\theta}{K^2}\right]\right\} \geqslant \\ &g\,\frac{(a^2-b^2)}{K^2}\cos\theta\sin\theta - \frac{\theta'^2(a^2-b^2)\sin\theta\cos\theta}{\eta}\left(1 + \frac{(a^2-b^2)}{K^2\eta^2}(a^2\sin\theta - b^2\cos^2\theta)\right), \end{aligned}\right. $$

les deux membres de l'inégalité étant positifs (pour θ et θ' petits et positifs).

Pour essayer la seconde hypothèse, celle ou v ne reste

____

[1] C'est là un fait général qui se présente dans toutes les liaisons énumérées plus haut (pages 47-48, et 50), dès que f dépasse une certaine limite.

pas nul quand t croît, il faut calculer $\frac{dv}{dt} = \xi'' + \eta\,\theta'' + \eta'\,\theta'$, d'après les équations (1),(2) et (3), où $R_x = -\varepsilon f R_y$, et voir si une des valeurs $+1$ ou -1 de ε donne à $\frac{dv}{dt}$ le même signe qu'à εR_y ; R_y d'après l'équation (4) est positif si θ est petit. Il faut donc que $\frac{dv}{dt}$ ait le signe de ε ; or on trouve :

$$\frac{dv}{dt}\left(1 + \frac{(a^2-b^2)^2\cos\theta\sin^2\theta}{K^2\eta^2} + \varepsilon f\,\frac{(a^2-b^2)}{K^2}\cos\theta\sin\theta\right) = -B - \varepsilon f A,$$

Af et B désignant les deux membres de l'inégalité (5) ; pour $\varepsilon = +1$, $\frac{dv}{dt}$ est négatif ; pour $\varepsilon = -1$, $\frac{dv}{dt}$ est négatif si f est moindre que $\frac{B}{A}$. Le disque roule donc pendant un certain temps si l'inégalité (5) est vérifiée ; si c'est l'inégalité inverse qui a lieu il glisse et son mouvement satisfait aux équations (1),(2),(3) où $\varepsilon = -1$.

Observons que toute cette discussion suppose la liaison bilatérale. Quand le disque peut quitter la droite ox du côté des y positifs, R_y est positif ou nul ; deux cas sont à distinguer suivant qu'à l'instant t le second membre α de (4) est positif ou négatif : si α est positif, rien n'est changé à ce qui précède ; sinon le disque abandonne l'axe des x et se meut (durant un certain temps) comme un point pesant libre. (Nous admettons toujours que f est moindre que $\frac{1}{2}\frac{(a^2+b^2)}{(a^2-b^2)}$).

L'équation différentielle qui d'après (2) et (3) donne $\theta(t)$, est de la forme :

$$\theta'' = L(\theta)\,\theta'^2 + M(\theta), \quad \text{ou encore en posant } \theta'^2 = u, \quad \frac{1}{2}\frac{du}{d\theta} = L(\theta)\,u + M(\theta)$$

Sans intégrer cette équation, bornons-nous à discuter les petits mouvements du système dans lesquels θ reste voisin de zéro.

Quand le frottement est nul, le disque abandonné sans vitesse dans une position ξ_0, $\theta_0 = 0$, reste au repos ; si les conditions initiales sont ξ_0, θ_0, ξ'_0, θ'_0, $|\theta|$ et $|\theta'_0|$ étant très petits, θ et θ' s'écartent peu de zéro ; et ξ' reste sensiblement constant ; notamment, si θ_0 et θ'_0 sont nuls, le disque glisse uniformément le long de ox. Quand il y a frottement, on peut écrire $T \leqslant T_0 + g(\eta_0 - \eta)$: si donc $\theta_0, \theta'_0, \xi'_0$ sont très petits en valeur absolue, η ne peut dépasser η_0 que d'une quantité très petite (moindre que $\frac{T_0}{g}$), θ reste donc voisin de zéro ; $|\xi'|$ et $K|\theta'|$ restent moindres que $\sqrt{T_0 + g(\eta_0 - \theta)}$; R_y diffère peu de g.

Montrons qu'au bout d'un temps fini, le disque roule sur ox, en effet, dans l'égalité des forces vives :

$$T = T_0 + g(\eta_0 - \eta) - f\int_{t_0}^{t} R_y\,|v|\,dt,$$

pour que le second membre ne tende pas vers $-\infty$ quand t croît, il faut ou que V reste nul après un certain temps, ou que V tende vers zéro avec $\frac{1}{t}$. Cette dernière hypothèse est à rejeter: tout d'abord elle exige (comme on le voit aisément) que $\frac{dV}{dt}$, c'est-à-dire $-B-\varepsilon fA$, tende vers zéro avec $\frac{1}{t}$; supposons que $-B+fA$ par exemple tende vers zéro ($\varepsilon=-1$), et posons: $w = B + fA = \lambda(\theta)\,u + \mu(\theta)$, w satisfait à une équation: $\frac{dw}{dt} = N(\theta)\,w + P(\theta)$, qui montre que θ tend vers une limite θ_1 quand w tend vers zéro; θ devrait donc tendre vers θ_1, par suite θ' et θ'' devraient tendre vers zéro quand t croît indéfiniment; la valeur θ_1 devrait donc annuler à la fois l'expression $-B+fA$ (où on fait $\theta'=o$) et le second membre de l'équation qui donne θ'' (où on fait aussi $\theta'=o$); on vérifie aussitôt que les deux conditions sont incompatibles. Donc V restera nul au bout d'un temps fini t_1, et le disque roulera indéfiniment; son mouvement sera dès lors défini par les égalités $\xi'+\eta\theta'=0$, $(\eta^2+K^2)\theta'^2=-2g\eta+h$. Le disque reste au repos dans le cas particulier où θ' s'annule en même temps que V.

On peut retrouver et compléter ces résultats pour les oscillations infiniment petites du disque, en développant les équations du mouvement suivant les puissances croissantes de θ, θ' et en n'écrivant que les termes du premier degré au plus en θ, θ'. On trouve ainsi:

$$(6)\quad
\begin{cases}
R_y = g\left(1 - \varepsilon f\theta \cdot \dfrac{a^2-b^2}{K^2}\right), \qquad K^2\theta'' = -g\left[\varepsilon fb + (a^2-b^2)\theta\left(\dfrac{1}{b} - \dfrac{\varepsilon fb}{K^2}\right)\right]. \\[2ex]
\xi'' = -\varepsilon fg\left(1 - \varepsilon f\dfrac{(a^2-b^2)}{K^2}\theta\right), \qquad \dfrac{dV}{dt} = \xi'' + b\theta'' = -g\left[\varepsilon f\left(1+\dfrac{b^2}{K^2}\right) + \dfrac{a^2 b^2}{K^2}\theta\left(1 - f^2\dfrac{K^2 b^2}{K^2}\right)\right],
\end{cases}$$

ε étant égal à $+1$, ou à -1 suivant que $\xi'+b\theta'$ est positif ou négatif. Quand $\xi'+b\theta'$ est nul, le disque roule si $|\theta|$ est moindre que:

$$\frac{f(K^2+b^2)}{(a^2-b^2)\left(1-f^2\dfrac{K^2+b^2}{K^2}\right)};$$

il glisse dans le cas contraire, et satisfait aux équations (6) où ε est de signe contraire à θ. Ces équations (6) permettent de discuter les oscillations: supposons f très petit comparable à θ; les équations (6) se simplifient encore et deviennent:

$$(7)\quad K^2\theta'' = -g\left[\varepsilon fb + \frac{a^2-b^2}{b}\theta\right], \qquad \frac{dV}{dt} = -g\left[\varepsilon f\left(1+\frac{b^2}{K^2}\right) + \frac{a^2 b^2}{K^2}\theta\right];$$

si θ_0' et ξ_0' sont nuls, θ_0 positif, le disque roule quand on a : $\theta_0 \leqslant f \frac{(K^2 + b^2)}{a^2 - b^2}$ et vérifie l'équation : $(b^2 + K^2)\, \theta'^2 = 2g \sqrt{a^2 - b^2}\, (\theta_0^2 - \theta^2)$, équation qui montre que θ atteint la valeur $-\theta_0$, puis croît, et ainsi de suite ; le disque roule indéfiniment. Quand on a : $\theta_0 > f \frac{(K^2 + b^2)}{a^2 - b^2}$, il faut faire $\varepsilon = -1$ dans les équations (7).

Si on pose : $\xi = K^2 \left(\theta - \frac{f b^2}{a^2 - b^2}\right)$, $\omega^2 = \frac{g(a^2 - b^2)}{b K^2}$,

on a : $\xi'' = -\omega^2 \xi$, $\dfrac{dv}{dt} = -\dfrac{\omega^2 b}{K^2}\, \xi + fg$, tant que v ne s'annule pas ;

ou bien :

$$\xi = \xi_0 \cos \omega t, \qquad v = fg\, t - \frac{\omega f \xi_0}{K^2} \sin \omega t ;$$

v s'annule pour une valeur ωt_1 de ωt comprise entre 0 et π, parce que $(a^2 - b^2)\theta_0 - f b^2$ est plus grand que $f K^2$: cette valeur $\tau_1 = \omega t_1$ est donnée par l'égalité :

$$\frac{\sin \tau_1}{\tau_1} = \frac{f K^2}{(a^2 - b^2)\theta_0 - f b^2} ;$$

la valeur θ_1 correspondante est donc comprise entre $\pm f \frac{(K^2 + b^2)}{a^2 - b^2}$ ou plus petite que $-f \frac{(K^2 + b^2)}{a^2 - b^2}$: dans le second cas, une discussion analogue à la précédente recommence (ε prend la valeur $+1$, v change de signe) ; dans le premier cas le disque roule et satisfait à l'égalité :

$$(b^2 + K^2)\, \theta'^2 = 2g \sqrt{a^2 - b^2}\ (\theta_1^2 - \theta^2) + (b^2 + K^2)\theta_1'^2 ;$$

il roule indéfiniment si on a :

$$\theta_1^2 + \frac{(b^2 + K^2)\, \theta_1'^2}{2g \sqrt{a^2 - b^2}} \leqslant f \frac{(K^2 + b^2)}{a^2 - b^2} ;$$

sinon, il roule tant que θ (qui décroît) n'a pas atteint la valeur $-f \frac{(K^2 + b^2)}{a^2 - b^2}$: à partir de ce moment t_2, v croît, ε est égal à $+1$ et la discussion recommence. Après un nombre fini de telles périodes, le disque roule indéfiniment (ou en particulier reste immobile).

Quand le disque est de forme quelconque, une approximation analogue s'applique aux petits mouvements dans lesquels le point de contact du disque avec Ox reste très voisin d'un point A de la périphérie du disque dont la distance au centre de gravité est minima.

On peut étudier le mouvement du disque elliptique en supposant la droite Ox inclinée : l'intégration est toujours possible, mais la discussion se complique encore. Observons enfin que si on suppose g nul, l'équation qui donne θ est de la forme : $\frac{d\theta'}{d\theta} = A(\theta)\, \theta'$, et montre que θ' ne s'annule jamais ; θ varie toujours dans le même sens, ce qui simplifie l'étude du mouvement.

III.— Mouvement d'une sphère S homogène et pesante mobile avec frottement sur un plan P horizontal ou incliné

Prenons comme axe des z une normale au plan P et comme axe des y une ligne de plus grande pente du plan (les deux droites étant menées de bas en haut); soit i l'inclinaison du plan, ρ le rayon de S, $m=1$ sa masse, $K = \rho\sqrt{\tfrac{2}{5}}$ son rayon de gyration autour d'un diamètre; soit enfin ξ, η, ζ les coordonnées du centre G de S ($\zeta = \rho$), et p, q, r les composantes suivant les axes fixes $oxyz$ du segment de rotation instantanée. La vitesse V du point M de S en contact avec P a pour composantes $V_x = \xi' - \rho q$, $V_y = \eta' + \rho p$; d'autre part le théorème du mouvement du centre de gravité et le théorème des moments relatifs à G donnent ici:

$$\xi'' = R_x \ , \quad \eta'' = R_y - g\sin i, \quad 0 = \zeta'' = R_z - g\cos i, \quad K^2\frac{dp}{dt} = +\rho R_y, \quad K^2\frac{dq}{dt} = \rho R_x , \quad K^2\frac{dr}{dt} = 0,$$

et par suite:

$$(1) \quad \xi'' = -fg\cos i\,\frac{V_x}{V} \ , \quad \eta'' = -fg\cos i\,\frac{V_y}{V} - g\sin i,$$

$$(2) \quad K^2\frac{dp}{dt} = -fg\,\rho\cos i\,\frac{V_y}{V}, \quad K^2\frac{dq}{dt} = fg\,\rho\cos i\,\frac{V_x}{V} \ , \quad r = r_0,$$

équations qui définissent le mouvement tant que v est différent de zéro. Nous verrons dans un instant ce qui arrive quand v est nul; mais distinguons auparavant les deux cas $i = 0$, $i > 0$.

1ᵉʳ Cas.— Le plan P est horizontal. Les axes ox, oy étant quelconques dans le plan P, les équations du mouvement sont:

$$(3) \quad \xi'' = -fg\frac{V_x}{V}, \quad \eta'' = -fg\frac{V_y}{V}, \quad K^2\frac{dp}{dt} = -fg\rho\,\frac{V_y}{V}, \quad K^2\frac{dq}{dt} = fg\rho\frac{V_x}{V}, \quad r = r_0$$

si v n'est pas nul. Ces équations s'intègrent aisément. Calculons d'abord, d'après (3), $V_x' = \xi'' - \rho q'$; on trouve aussitôt:

$$\frac{V_x'}{V_x} = -\frac{fg}{V}\left(1 + \frac{\rho^2}{K^2}\right), \quad \text{et de même} \quad \frac{V_y'}{V_y} = -\frac{fg}{V}\left(1 + \frac{\rho^2}{K^2}\right), \quad \text{donc} \quad \frac{V_x'}{V_x} = \frac{V_y'}{V_y}\ ; \quad \text{ou bien} \quad \frac{V_y}{V_x} = C.$$

La vitesse V a donc une direction constante que nous pouvons prendre comme axe des x, et tant que V ne s'annule pas, on a: $\quad \xi'' = fg, \quad \eta'' = 0, \quad K^2\frac{dp}{dt} = 0, \quad K^2\frac{dq}{dt} = fg\rho \ , \quad r = 0;$

ou bien:

$$\xi = -\frac{fg\,t^2}{2} + \xi_0' t + \xi_0 , \quad \eta' = -\rho p_0 t + \eta_0 ; \quad p = p_0, \quad q = \frac{fg\rho}{K^2}t + q_0, \quad r = r_0;$$

88

v est égal $\xi'_0 - \rho q_0 - fg\,t\left(1 + \frac{\rho^2}{K^2}\right)$ et décroît constamment; il s'annule à l'instant $t_1 = \frac{\xi'_0 - \rho q_0}{fg\left(1 + \frac{\rho^2}{K^2}\right)}$. On est ainsi ramené au cas du frottement au repos.

Montrons que si v est nul à l'instant t_1, v reste nul indéfiniment. Admettons en effet que v ne soit pas nul à l'instant $t_1 + dt$, et faisons décroître t à partir de $t_1 + dt$; les équations (3) sont vérifiées tant que v ne s'annule pas; or v va constamment en croissant (quand t décroît) d'après ces équations; on devrait donc atteindre l'instant t_1 avec une vitesse v différente de zéro. D'autre part, si on suppose v nul indéfiniment, les équations

$$\xi'' = R_x, \quad \eta'' = R_y, \quad o = \zeta'' = R_z - g, \quad K\frac{dp}{dt} = \rho R_y, \quad K^2\frac{dq}{dt} = -\rho R_x, \quad r = r_0$$

jointes aux conditions : $\xi'' - \rho \dfrac{dq}{dt} = 0,$, $\eta'' + \rho \dfrac{dp}{dt} = 0$ donnent :

$$R_x = 0, \quad R_y = 0, \quad \xi' = \xi'_0, \quad \eta' = \eta'_0, \quad p = p_0, \quad q = q_0;$$

la force de frottement, étant nulle, est moindre que fg. Au delà de l'instant t_1, la sphère roulera donc indéfiniment comme si le plan était parfaitement poli (Cette dernière conclusion résultait aussitôt de la remarque de la page 49). La sphère reste au repos pour $t > t_1$ si on a : $\xi'_0 = \frac{K^2}{\rho} q_0$, $\eta'_0 = \rho$, $r = r_0 = 0$.

Une fois p, q, r connus en fonction de t, la détermination du mouvement de la sphère autour de G revient à une question classique de cinématique et dépend de l'équation de Riccati : $\dfrac{du}{dt} = -\,i\,r\,u + \dfrac{q - ip}{2} + \dfrac{q + ip}{2}u^2$, (Voir Darboux, Géométrie, Tome I, page 22). Au delà de l'instant t_1, ce mouvement se réduit à une rotation uniforme autour d'un axe fixe dans l'espace et dans la sphère.

2ᵉ Cas — Le plan est incliné — Les équations (2) et (3) définissent le mouvement si v n'est pas nul. Qu'arrive-t-il quand v est nul? Essayons d'abord l'hypothèse où v reste nul; les équations (1) jointes aux conditions $\xi'' - \rho \dfrac{dq}{dt} = 0$, $\eta'' + \rho \dfrac{dp}{dt} = 0$, donnent : $R_x = 0$, $R_y = \dfrac{g\sin i}{1 + \frac{\rho^2}{K^2}}$, $R_z = g\cos i$, l'hypothèse n'est donc admissible que si on a :

$$\frac{g\sin i}{1 + \frac{\rho^2}{K^2}} < fg\cos i, \quad \text{c'est à dire } f > \frac{tg\,i}{1 + \frac{\rho^2}{K^2}}.$$

Dans la seconde hypothèse, v n'est pas nul à l'instant $t_0 + dt$, mais tend vers zéro quand t tend en décroissant vers t_0 ; les équations (2) et (3) s'appliquent quand v n'est pas nul, or de ces équations on tire aussitôt en appelant toujours V'_x, V'_y les dérivées de V_x, V_y pour rapport à t.

$$\frac{V'_x}{V_x} = \frac{V'_y - g\sin i}{V_y} = -\frac{fg\cos i}{V}\left(1 + \frac{\rho^2}{K^2}\right) \qquad (5)$$

et si on observe que $\dfrac{V_x}{V}$, $\dfrac{V_y}{V}$ ont comme limite, pour $t = t_0$, $\dfrac{V'_x}{\sqrt{V'^2_x + V'^2_y}}$, $\dfrac{V'_y}{\sqrt{V'^2_x + V'^2_y}}$, on voit qu'à l'instant t_0 on doit avoir :

$$\frac{V'_x}{V'_x} = \frac{V'_y + g\sin i}{V'_y} = \frac{-fg\cos i}{\sqrt{V'^2_x + V'^2_y}}\left(1 + \frac{\rho^2}{K^2}\right);$$

la première condition exige que V_x soit nul, la seconde que V_y soit égal à $-g \sin i - \varepsilon f g \cos i \left(1 + \dfrac{\rho^2}{K^2}\right)$, ε étant égal à $+1$ ou à -1 suivant que V_y est positif ou négatif; ceci n'est possible que pour $\varepsilon = -1$ et dans le cas où f est moindre que $\dfrac{\operatorname{tg} i}{1 + \frac{\rho^2}{K^2}}$. Dans ce dernier cas, V croîtra donc dans l'intervalle de temps t_0 à $t_0 + dt$, et sa direction limite pour $t = t_0$ sera une ligne de plus grande pente dirigée vers le bas;[1] la force de frottement au départ sera $R_x = 0$, $R_y = + f g \cos i$.

Nous sommes maintenant en état de discuter complètement le mouvement. Intégrons d'abord les équations (2), (3). En divisant membre à membre la première équation (2) et la deuxième équation (3), on trouve:

$$(6) \quad \xi' = -\frac{K^2}{\rho} q + \alpha, \qquad \text{et de même} \qquad \eta' = \frac{K^2}{\rho} p - g t \sin i + b,$$

et par suite:

$$(7) \quad V_x = -\rho q \left(1 + \frac{K^2}{\rho^2}\right) + a, \qquad V_y = \rho p \left(1 + \frac{K^2}{\rho^2}\right) - g t \sin i + b;$$

d'autre part en divisant membre à membre les deux premières équations (3), il vient:

$$(8) \qquad \frac{dp}{dq} = -\frac{V_y}{V_x},$$

et en additionnant terme à terme les carrés des deux premiers rapports (5):

$$(9) \quad V_x''^2 + (V_y' + g \sin i)^2 = f^2 g^2 \cos^2 i \left(1 + \frac{\rho^2}{K^2}\right)^2, \quad \text{ou bien d'après (7):}$$

$$(10) \quad \left(\frac{dp}{dt}\right)^2 + \left(\frac{dq}{dt}\right)^2 = \frac{\rho^2 f^2 g^2 \cos^2 i}{K^4}, \quad dt = \pm \frac{K^2 dq}{\rho f g \cos i} \sqrt{1 + \left(\frac{dp}{dq}\right)^2}.$$

Prenons maintenant q comme variable indépendante et formons la relation différentielle entre p et q; pour cela, écrivons l'équation (8) ainsi: $V_y = -V_x \dfrac{dp}{dq}$, remplaçons V_x et V_y par leurs valeurs (7) et afin d'éliminer t dérivons par rapport à q: on trouve:

$$\rho \frac{dp}{dq}\left(1 + \frac{K^2}{\rho^2}\right) - g \sin i \frac{dt}{dq} = + \rho \left(1 + \frac{K^2}{\rho^2}\right)\frac{dp}{dq} - \left[a - \rho q \left(1 + \frac{K^2}{\rho^2}\right)\right]\frac{d^2 p}{dq^2},$$

---

[1] Le dernier raisonnement suppose toutefois que V_x' et V_y' ne soient pas nuls tous les deux à l'instant t_0. Ce cas (qui ne saurait se présenter que si f est égal à $\dfrac{\operatorname{tg} i}{1 + \frac{\rho^2}{K^2}}$) est incompatible avec la seconde hypothèse: car dans les équations (5), le premier rapport serait infini simple pour $t = t_0$ et le second rapport serait infini d'ordre plus grand que 1. La discussion générale de la page 91 permet d'ailleurs d'éviter cette discussion du frottement au repos et les difficultés qu'elle soulève. P. Painlevé - Frottement. 12

ou enfin, si on pose: $\dfrac{dp}{dq} = p_1$,

(11) $$\frac{dp_1}{\varepsilon\sqrt{1+p_1^2}} = \frac{K^2\,tg\,i}{\varrho f}\;\frac{dq}{\alpha - \varrho q\left(1+\frac{K^2}{\varrho^2}\right)} \quad , \quad (\varepsilon = \pm 1)\ , \ \text{c'est à dire}$$

$$\log\left|p_1 + \varepsilon\sqrt{1+p_1^2}\right| = -\frac{tg\,i}{f\left(1+\frac{\varrho^2}{K^2}\right)}\,\log\left|\alpha - \varrho q\left(1+\frac{K^2}{\varrho^2}\right)\right| + C^{te},$$

d'où :

(12) $$2\varepsilon p_1 = \frac{C}{|u|^\lambda} - \frac{|u|^\lambda}{C}\ , \qquad 2\sqrt{1+p_1^2} = \frac{C}{|u|^\lambda} + \frac{|u|^\lambda}{C}\ , \quad \left(\begin{array}{l} u = \alpha - \varrho q\left(1+\frac{K^2}{\varrho^2}\right) = V_x \\[2pt] \lambda = \dfrac{tg\,i}{f\left(1+\frac{\varrho^2}{K^2}\right)} \end{array}\right), C>0 \right).$$

Connaissant $p_1(q)$, on a $p(q)$ par la quadrature élémentaire $\int p_1\,dq$, puis $t(q)$ par la quadrature élémentaire $\int\sqrt{1+p_1^2}\,dq = \frac{1}{2}\left(\frac{C}{|u|^\lambda} + \frac{|u|^\lambda}{C}\right)dq$; enfin ξ et η par deux nouvelles quadratures élémentaires :

$$\int\left(-\frac{K^2}{\varrho}\,q + \alpha\right)\sqrt{1+p_1^2}\ dq\ , \ \text{et}\ \int\left(\frac{K^2}{\varrho}\,p - g\,t\,\sin i + b\right)\sqrt{1+p_1^2}\,dq\ .$$

Dans le cas où $\lambda = 1$, $p(q)$ et $t(q)$ renferment un terme en $\log u$, et la dernière intégrale (qui donne η) renferme un terme de la forme : $\log u\,[\alpha\log u + \beta\,u^2 + \gamma]$ Dans tous les cas, ξ, η, p et t s'expriment explicitement en fonction de q.

Pour discuter le mouvement, plaçons-nous d'abord dans le cas particulier où V_x est nul à l'instant t_0, V_y^0 n'étant pas nul : les équations (2), (3) montre que q garde la valeur constante $q_0 = \dfrac{\alpha}{\varrho\left(1+\frac{K^2}{\varrho^2}\right)}$, tant que V_y ne s'annule pas : en effet, ces équations n'admettent qu'une intégrale répondant aux conditions initiales données, or elles sont compatibles quand on y fait $q = q_0$, $\xi' = \varrho q_0$, et elles donnent pour achever de définir le mouvement cherché :

(13) $$\eta'' = -\varepsilon\,f\,g\,\cos i - g\sin i\ , \qquad K^2\frac{dp}{dt} = -\varepsilon\,f\,g\,\varrho\,\cos i \quad \left(\begin{array}{l}\varepsilon = +1\ \text{pour}\ \eta' + \varrho p > 0 \\ \varepsilon = -1\ \text{pour}\ \eta' + \varrho p < 0\end{array}\right),$$

équations entièrement analogues à celles qui définissent le mouvement d'un cerceau lancé sur une droite inclinée et auxquelles la même discussion s'applique. Trois cas sont à distinguer :

1° — $f > \dfrac{tg\,i}{1+\frac{\varrho^2}{K^2}}$; la valeur absolue de $V_y = \eta' + \varrho p$ décroît proportionnellement au temps et s'annule au bout du temps t_1 ; pour $t > t_1$, V reste nul et le mouvement est défini par les égalités :

(14) $$\eta'' = -g\sin i\left(1-\frac{K^2}{\varrho^2+K^2}\right)\ , \qquad p = -\frac{\eta'}{\varrho}\ , \qquad \xi' = \varrho q_0\ , \qquad q = q_0\ , \qquad r = r_0.$$

2° $f = \dfrac{tg\,i}{1+\frac{\rho^2}{K^2}}$; si $\eta'_0 + \rho p_0$ est négatif ou nul, V_y reste constant et le mouvement est défini par les égalités (13) où $\varepsilon = -1$, égalités qui donnent pour η'' la valeur $-g \sin i \left(1 - \frac{K^2}{\rho^2 + K^2}\right)$; si $\eta'_0 + \rho p_0$ est positif, V_y décroît proportionnellement au temps, s'annule au bout d'un temps t_1, et pour $t > t_1$ le mouvement est défini par les équations (14).

3° $f < \dfrac{tg\,i}{1+\frac{\rho^2}{K^2}}$, $\eta' + \rho p$ décroît proportionnellement au temps quelque soit son signe; si $\eta' + \rho p_0$ est négatif, le mouvement vérifie les équations (13) où $\varepsilon = -1$; si $\eta' + \rho p$ est nul, nous savons d'après la discussion du frottement au repos que, pour $t = t_0 + dt$, V est négligeable, V_y négatif [1] le mouvement vérifie les équations (13) où $\varepsilon = -1$; enfin, si $\eta' + \rho p$ est positif, $\eta' + \rho p$ décroît et s'annule au bout d'un temps t_1, et pour $t > t_1$, le mouvement vérifie les équations:

$$\eta'' = -g\,(\sin i - f \cos i), \qquad p = -\frac{\eta'}{\rho}.$$

Supposons maintenant les conditions initiales quelconques. L'égalité (10) nous montre que q varie toujours dans le même sens quand t croît, du moins tant que V ne s'annule pas et que $p_1(q)$ ne devient pas infini, c'est-à-dire tant que q ne passe pas par la valeur $q_1 = \dfrac{a}{\rho\left(1+\frac{K^2}{\rho^2}\right)}$; q commence par croître avec t si $V_x^0 = a - \rho q_0\left(1+\frac{K^2}{\rho^2}\right)$ est positif, et tend vers q_1. De même q décroît et tend vers q_1, si V_x^0 est négatif. D'après cela, deux cas sont à distinguer:

1° $\lambda < 1$, c'est-à-dire $f > \dfrac{tg\,i}{1+\frac{\rho^2}{K^2}}$: q atteint la valeur q_1 au bout d'un temps fini t_1, V_x est nul à l'instant t_1, et on rentre dans le cas particulier traité d'abord. — 2° $\lambda \geq 1$, c'est-à-dire $f \leq \dfrac{tg\,i}{1+\frac{\rho^2}{K^2}}$: q tend vers q_1 quand t croît indéfiniment, ξ' tend vers ρq_1, V_x vers zéro. Quand λ est plus grand que 1, η', p et V_y deviennent infinis [ainsi que $t_1(q)$] de l'ordre de $\dfrac{1}{(q-q_1)^{\lambda-1}}$ pour $q = q_1$; η', $-p$ et V_y (pour $t = +\infty$) sont donc infinis négatifs de l'ordre de t; η'' tend vers la quantité négative $-g\,[\sin i - f \cos i]$. Quand λ est égal à 1, η' et p [de même que $t(q)$] deviennent infinis de l'ordre de $\log(q - q_1)$ pour $q = q_1$; η' et p sont infinis négatifs pour $t = +\infty$, de l'ordre de t; de plus, l'égalité: $V_y = \rho p\left(1 + \frac{\nu^2}{\rho^2}\right) - g t \sin i + b \equiv \frac{u^2}{2c} + b$ montre que V_y tend vers une limite b, cette limite est toujours négative ou nulle; on le vérifie aisément en exprimant b à l'aide des conditions initiales, mais la chose est évidente si on observe que, V_y tendant vers b, $\frac{dV_y}{dt}$ doit tendre vers zéro; or $\frac{dV_y}{dt}$ aurait pour limite:

---

[1] —— Il faudrait une analyse plus approfondie pour montrer que le mouvement où V_x reste nul (qui est admissible) est seul admissible. Mais ce point résulte en toute rigueur de la discussion générale qui suit: cette discussion montre en effet que $|V_x|$ décroît constamment s'il n'est pas nul; si donc V_x était égal à c à l'instant $t_0 + dt$, $|V_x|$ serait plus grand que $|c|$ pour $t = t_0$.

$-g\left[\sin i + \left(1 + \dfrac{\rho^2}{K^2}\right)\cos i\right]$, si b était positif.

En définitive, au bout d'un temps t_1 suffisamment grand, l'aspect du mouvement est le suivant : le centre G se meut sensiblement comme un point pesant libre, pour lequel la pesanteur serait de sens contraire à oy et égale à $g \sin i \left[1 - \dfrac{K^2}{\rho^2 + K^2}\right]$ ou à $g\,(\sin i - f \cos i)$, suivant qu'on a $f > \dfrac{tg i}{1 + \frac{\rho^2}{K^2}}$, ou : $f < \dfrac{tg i}{1 + \frac{\rho^2}{K^2}}$. La trajectoire de G admet une asymptote (parallèle à $o\,u$), dans le cas particulier où on a $\xi_0' + \dfrac{K^2}{\rho} q_0 = 0$. Le segment de rotation a ses projections sur oz et oy sensiblement constantes et sa projection sur Ox croît proportionnellement au temps ; enfin la sphère roule dans l'hypothèse $f > \dfrac{tg i}{1 + \frac{\rho^2}{K^2}}$; elle glisse indéfiniment dans l'hypothèse contraire, V_z tendant vers o et V_y vers $-\infty$. Dans le cas intermédiaire $f = \dfrac{tg i}{1 + \frac{\rho^2}{K^2}}$, quand les conditions initiales sont quelconques, tout se passe comme dans le cas $f > \dfrac{tg i}{1 + \frac{\rho^2}{K^2}}$, à cela près que V_y, au lieu de décroître indéfiniment, tend vers une limite négative ou nulle ; pour des conditions initiales particulières $[\xi_0' - \rho q_0 = 0,\ \eta_0' + \rho p_0 \geqslant 0]$. La sphère roule après l'instant t_1 et tout se passe comme dans le cas $f < \dfrac{tg i}{1 + \frac{\rho^2}{K^2}}$. Quand V s'annule à un instant t, les accélérations de S subissent une discontinuité.

Observons que la solution précédente suppose seulement que la densité de la sphère soit une simple fonction de la distance au centre. Quand la sphère est homogène, le rapport $\dfrac{K^2}{\rho^2}$, qui figure dans la discussion est égal à $\dfrac{2}{5}$.

IV — Deux circonférences C, C_1 égales, homogènes et pesantes, lancées dans un plan vertical, glissent avec frottement l'une sur l'autre — Mouvement du système. —

Soit G et G_1 les centres de C et C_1 ; $m = 1$ leur masse, r leur rayon ; le centre de gravité P du système S est le milieu de GG_1, et le point de contact de C et de C_1. Ce point P se meut comme un point pesant libre : étudions le mouvement de S par rapport à des axes $Px\,y$ de direction fixe. D'après le théorème de Coriolis, il nous faut ajouter, pour chaque élément du système, la force active $-m\,(\gamma_e) = -m\,(g)$, en sorte que le mouvement de S par rapport à xPy est le même que si aucune force active ne s'exerçait sur S.

La position de S par rapport à xPy est définie par l'angle φ que fait PG avec Px $[\widehat{G_1\,Px} = \pi + \varphi]$, et par les angles θ et θ_1 que font avec ox deux rayons GA, $G_1\,A_1$ fixes dans chaque cercle. — Appliquons à chacun des cercles le théorème des moments relatifs au point P, il vient: $\theta' + \varphi' = c$, $\theta'_1 + \varphi' = c_1$. Etudions maintenant le mouvement du centre de gravité G de C par rapport à x P y: il faut supposer appliquée en G la réaction R exercée par C_1 sur C; la seconde équation intrinsèque au mouvement de G donne $R_n = \dfrac{r^2 \varphi'^2}{r} = r\varphi'^2$; d'autre part, soit V et V_1 les vitesses des éléments de C, C_1 en contact à l'instant t; V et V_1 sont normales à G G_1, et si on les compte positivement dans la direction P Q qui fait avec P G l'angle $+\frac{\pi}{2}$, on a: $V = r(\varphi' - \theta')$, $V_1 = -r(\varphi' - \theta'_1)$; R_t est de sens contraire à $(V - V_1) = 4\varphi^2 c - c_1$, et égal à $f R_n$; d'où l'égalité:

$$r\varphi'' - \varepsilon R_t = -\varepsilon f r \varphi'^2, \quad \text{ou bien} \quad \frac{\varphi''}{\varphi'^2} = -\varepsilon f \quad \left(\begin{array}{ll} \varepsilon = +1 & \text{pour } 4\varphi^2 c - c_1 > 0 \\ \varepsilon = -1 & \phantom{\text{pour }} 4\varphi^2 c - c_1 < 0 \end{array} \right).$$

Cette égalité, qui définit le mouvement tant que φ' ne devient pas égal à $\dfrac{c + c_1}{4}$ ou c_1, montre que $|\varphi^2 c|$ décroît dans tous les cas et s'annule au bout du temps $t_1 = \dfrac{|\varphi' - c|}{f|c\varphi'|}$. On est donc ramené, à l'instant t_1, au cas du frottement au repos: $|\varphi' - c|$ ne peut croître, d'après ce qui précède, dans l'intervalle t_1 à $t_1 + dt$; $(\varphi' - c)$ doit donc rester nul; faisons $\varphi'' = 0$ dans l'équation $r\varphi'' = \varepsilon R_t$, on trouve $R_t = 0$, donc $R_t < f r^2 \varphi'^2$. Au delà de l'instant t_1, on a: $\varphi' = a$, $\theta' = b$, $\theta'_1 = b_1$, avec la condition: $2a = b + b_1$.

Systèmes de solides où les réactions normales, dépendent du frottement.

Nous avons déjà étudié le mouvement du disque elliptique. Traitons brièvement quelques autres exercices.

1 - Deux points matériels M, M_1, de masse égale à l'unité, sont reliés par une tige rigide et sans masse et glissent avec frottement sur deux droites parallèles ox, PQ. Mouvement des deux points soumis respectivement aux forces actives g, g_1 constantes, parallèles à ox, et de même sens.

Soit R la réaction exercée par la tige $M_1 M$ sur le point M (comptée positivement dans le sens $M_1 M$), soit α l'angle que fait M M_1 avec ox. Nous supposons, pour fixer les idées, $0 < \alpha < \frac{\pi}{2}$, $f > f_1$; $g > g_1$. — Si x désigne l'abcisse de M, on trouve aussitôt les deux équations: (Voir page 36):

$$x'' = g - R\cos\alpha - \varepsilon\, f R \sin\alpha = g_1 + R\cos\alpha - \varepsilon f_1 R\sin\alpha \qquad \begin{pmatrix} \varepsilon = +1 \; p^r \; R x' > 0 \\ \varepsilon = -1 \; p^r \; R x' < 0 \end{pmatrix}$$

d'où on tire :

$$R = \frac{g - g_1}{2\cos\alpha + \varepsilon\,(f - f_1)\sin\alpha}$$

Nous avons déjà signalé (page 36) les singularités qui se présentent quand $f - f_1$ est plus grand que $2\cot g\,\alpha$. Plaçons-nous dans le cas $f - f_1 < 2\cot g\,\alpha$, et admettons de plus qu'ait $\dfrac{|f g_1 - f_1 g|}{g + g_1} < \cot g\,\alpha < f_1$. Le mouvement est défini par l'équation :

$$(1) \qquad x'' = \frac{(g + g_1)\cos\alpha + \varepsilon \sin\alpha\,(f g_1 - f_1 g)}{2\cos\alpha + \varepsilon\,(f - f_1)\sin\alpha} \qquad \begin{pmatrix} \varepsilon = +1 \; \text{pour } x' > 0 \\ \varepsilon = -1 \; \text{pour } x' < 0 \end{pmatrix};$$

x'' est positif quel que soit le signe de ε ; x' croît proportionnellement au temps, et si x'_0 est négatif, x' s'annule au bout du temps t_1 ; on se trouve alors dans le cas du frottement au repos. Pour traiter ce cas, observons d'abord que l'hypothèse où x' croît avec t est toujours admissible, car pour $\varepsilon = +1$, x'' est de signe contraire à la force de frottement ; la valeur $\varepsilon = -1$ est à rejeter. D'autre part, dans l'hypothèse où x' reste nul, les équations du mouvement, jointes à la condition $x'' = 0$, donnent seulement quatre équations distinctes pour déterminer R, et les composantes N_x, N_y, N'_x, N'_y des réactions N, N' exercée par Ox et PQ sur M et M_1 :

$$0 = g - R\cos\alpha + N_x, \qquad 0 = -R\sin\alpha + N_y, \qquad 0 = g_1 + R\cos\alpha + N'_x, \qquad 0 = R\sin\alpha + N'_y.$$

Pour que l'hypothèse soit admissible, il faut et il suffit que pour une valeur de l'indéterminée R, on ait :

$$|g - R\cos\alpha| \leqslant f\,|R|\sin\alpha, \qquad |g_1 - R\cos\alpha| \leqslant f_1\,|R|\sin\alpha,$$

inégalités qui sont remplies pour $R \geqslant \dfrac{g_1}{f_1\sin\alpha - \cos\alpha} > 0$, et pour $R \leqslant \dfrac{g}{f\sin\alpha - \cos\alpha} < 0$. On voit que les équations de la mécanique laissent le choix entre le mouvement défini par (1) [où $\varepsilon = +1$] et le repos ; dans le cas du repos, elles ne déterminent pas la réaction R, mais exigent seulement que R soit extérieure à deux limites ; R dépend de l'élasticité du système (voir page 53).

  Par exemple, soit $f = f_1 = \sqrt{2}$, $\alpha = \dfrac{\pi}{4}$; R est égale à $\dfrac{g - g_1}{\sqrt{2}}$ pour $x' \neq 0$, et pour $x' = 0$, R a cette même valeur ou est extérieure aux valeurs $\dfrac{+g\sqrt{2}}{\sqrt{2} - 1}$, $\dfrac{-g_1\sqrt{2}}{\sqrt{2} - 1}$; en particulier, si $g = g_1$, R est nul et les points M, M_1 se meuvent comme deux points pesants ; mais pour $x' = 0$, on a le choix entre le mouvement $[R=0]$ ou le repos $\left[|R| > \dfrac{g\sqrt{2}}{\sqrt{2}-1}\right]$

Remarque sur les systèmes à liaisons complètes

Soit S un système de solides à liaisons complètes, les liaisons étant toutes de la première classe ou encore étant des liaisons de la seconde classe qui portent sur des courbes planes fixées dans un même plan et soumises à des forces situées dans ce plan. Chacune de ces liaisons n'introduit qu'une réaction normale dépendant d'une indéterminée (sa longueur). Admettons de plus que les forces actives ne dépendent que de la position du système. Si on tient compte des lois de frottement et si on élimine les réactions normales qui figurent linéairement, on obtient pour définir le mouvement une équation de la forme:

$$(1) \qquad q'' = A(q)\, q'^2 + B(q), \quad \text{ou } \frac{1}{2}\frac{du}{dq} = A(q)\, u + B(q), \quad [u = q'^2],$$

équation intégrable; le problème n'exige que des quadratures et est entièrement analogue au mouvement d'un point sur une courbe dépolie. Quand toutes les forces actives sont nulles, B est nul. — Quand $q=0$ est une position d'équilibre stable du système sans frottement, $|q|$ et $|q'|$ restent très petits quel que soit t s'ils le sont à l'instant t_0, et le mouvement vérifie sensiblement l'égalité (2) déduite de (1) en négligeant les termes du second ordre en q, q'[^a]

$(2)\ q'' = -a - bq$ (la constante a s'annulant et b étant égale à $-k^2$ quand tous les coefficients de frottement f sont nuls). Si tous les f sont très petits, comparables à q, q', l'équation (2) se réduit à: $q'' = -\varepsilon l^2 - k^2 q$ ($\varepsilon = +1$ pour $q' > 0$, $\varepsilon = -1$ pour $q' < 0$), l étant une combinaison linéaire et homogène des f; c'est l'équation du mouvement rectiligne tautochrone (avec frottement).

II Exemple. — Une barre homogène et pesante AB glisse avec frottement sur deux droites rectangulaires Ox, Oy également inclinées sur la verticale. Petits mouvements de AB.

Soit $\hat{\theta} = B\hat{A}O$, $2l$ la longueur de la barre $\rho = 1$ sa densité; les équations du mouvement du solide AB donnent (R et R' étant les réactions en A, B):

$$(1)\ \begin{cases} 2\,l\,\xi'' = -2l^2[\sin\theta\,\theta'' + \cos\theta\,\theta'^2] = \varepsilon f R_y + R'_x + \dfrac{g}{\sqrt{2}}, \\[4pt] 2\,l\,\eta'' = 2l^2[\cos\theta\,\theta'' - \sin\theta\,\theta'^2] = R_y + \varepsilon' f' R'_x + \dfrac{g}{\sqrt{2}}, \\[4pt] \dfrac{2l^2}{3}\,\theta'' = -R_y[\cos\theta + \varepsilon f\sin\theta] + R'_x[\sin\theta + \varepsilon' f'\cos\theta], \end{cases}$$

[^a]: Quand certaines des liaisons sont de la seconde classe, cette approximation subsiste: il suffit de développer les équations suivant les puissances de q, q'. Quand les forces actives sont nulles, les mouvements quelconques sont encore donnés par une équation $q'' = A q'^2$.

et comme θ' est de signe contraire à la vitesse de A (comptée suivant ox) et de même signe que la vitesse de B (comptée suivant oy), ε et ε' qui sont égaux à ± 1, doivent être tels que l'on ait :

$$\varepsilon\, R_y\, \theta' > 0, \qquad\qquad \varepsilon'\, R'_x\, \theta' < 0$$

Nous supposons f et f' moindre que φ. Étudions d'abord le mouvement dans le cas où φ est nul. En multipliant la première équation (1) par $\cos\theta$, la seconde par $\sin\theta$ et faisant la somme, il vient :

$$-2\,\ell^2\,\theta'^2 = \cos\theta\left[\varepsilon f R_y + R''_x\right] + \sin\theta\left[R_y + \varepsilon' f' R'_x\right],$$

en multipliant de même respectivement les trois équations par $\sin\theta$, $\cos\theta$, -3, et ajoutant :

$$R_y\left[2\cos\theta + \varepsilon f \sin\theta\right] = R'_x\left[2\sin\theta + \varepsilon' f' \cos\theta\right],$$

et par suite :

$$\frac{R'_x}{2\cos\theta + \varepsilon f \sin\theta} = \frac{R_y}{2\sin\theta + \varepsilon' f' \cos\theta} = \frac{-2\ell^2\theta^2}{2 + \varepsilon\varepsilon' ff' + 3\sin\theta\cos\theta\,(\varepsilon f + \varepsilon' f')}$$

Le dénominateur du dernier rapport est positif; on doit donc avoir :

$$\varepsilon\,(2\sin\theta + \varepsilon' f' \sin\theta)\,\theta' < 0, \qquad\qquad \varepsilon'\,(2\cos\theta + \varepsilon f \sin\theta)\,\theta' > 0.$$

Soit par exemple, $\theta_0 > 0$, $0 < \theta_0 < \frac{\pi}{2}$: il faut prendre, comme on le voit aussitôt, $\varepsilon = -1$, $\varepsilon' = -1$, si on a $\theta_0 < \operatorname{arctg}\frac{2}{f}$, et $\varepsilon = -1$, $\varepsilon' = 1$ si on a $\theta_0 > \operatorname{arctg}\frac{2}{f}$. Le mouvement est défini par l'égalité :

$$\frac{1}{3}\,\frac{d}{d\theta}\,\log\theta' = \frac{\varepsilon f \sin^2\theta - \varepsilon' f' \cos^2\theta}{2 + \varepsilon\varepsilon' ff' + 3\sin\theta\cos\theta\,(\varepsilon f + \varepsilon' f')}, \qquad \text{ou bien}\quad \theta' = C\,e^{F(\theta)},$$

égalité qui montre que θ' ne s'annule jamais; θ varie toujours dans le même sens et ne tend pas vers une limite θ_1 quand t croît indéfiniment, car θ' devrait s'annuler pour $\theta = \theta_1$; donc $|\theta|$ croît indéfiniment avec t, et θ' tend vers zéro, puisque autrement le second membre de l'égalité des forces vives tendrait vers $-\infty$; il est facile d'ailleurs de vérifier ce dernier point en montrant que la quantité $\varepsilon f \sin^2\theta - \varepsilon' f' \cos^2\theta$ est toujours de signe contraire à θ' d'après le choix de ε, ε'. Pour ce qui est du cas du frottement au repos ($\theta'_0 = 0$), il est clair que AB doit rester immobile, puisque autrement le travail des forces de frottement dans le déplacement $d\theta$ de AB serait négatif, et par suite T.

Quand la pesanteur g n'est pas nulle, le problème donne lieu à une discussion analogue, mais plus compliquée: $\theta^2(\theta)$ dépend d'une équation différentielle linéaire. Bornons-nous à discuter le problème dans le cas où θ_0 diffère peu de $\frac{\pi}{4}$ et où $|\theta_0'|$ est petit. Posons $\theta = \frac{\pi}{4} + \varphi$; le théorème des forces vives $T < T_0 + 2\sqrt{2}\,g\,\ell^2(\cos\varphi - \cos\varphi_0)$ nous montre que $|\varphi|$ reste moindre que $|\varphi_1|\left[\cos\varphi_1 = 1 - \frac{T_0}{2\sqrt{2}\,\ell^2 g} - (1-\cos\varphi_0)\right]$, et que T reste moindre que $T_0 + 2\sqrt{2}\,\ell^2 g(1-\cos\varphi_0)$. Résolvons les équations (1) par rapport à φ'', R_x', R_y, en négligeant les termes de degré supérieur à 1 en φ, φ'; on trouve aussitôt:

$$R_x' = -\frac{g\left[4 - 3\varphi + \varepsilon f'(2+3\varphi)\right]}{2\sqrt{2}\left[2 + \varepsilon\varepsilon'ff' + \frac{3}{2}(\varepsilon f + \varepsilon'f')\right]}\,, \quad R_y = -\frac{g\left[4 + 3\varphi + \varepsilon'f'(2-3\varphi)\right]}{2\sqrt{2}\left[2 + \varepsilon\varepsilon'ff' + \frac{3}{2}(\varepsilon f + \varepsilon'f')\right]}\,, \text{ donc } R_x'<0,\ R_y<0,$$

et par suite

$$(2)\quad \frac{4\ell^2}{3g}\,\varphi'' = \frac{-\varepsilon(f+f') - \varphi\left\{1 - ff' + \varepsilon(f-f')\right\}}{2 - ff' - \frac{3}{2}\varepsilon(f-f')} \equiv -\varepsilon\ell^2 - k^2\varphi, \quad \begin{pmatrix}\varepsilon = 1 \text{ pour } \varphi'>0\\ \varepsilon = -1 \text{ pour } \varphi'<0\end{pmatrix}.$$

Quand le système est abandonné sans vitesse en une position φ_0, φ décroît d'abord ($\varepsilon = -1$) si φ_0 est plus grand que $\varphi_1 = \frac{f+f'}{1-ff'-2(f-f')}$; φ croît ($\varepsilon = +1$) si φ_0 est moindre que $-\varphi_2 = -\frac{(f+f')}{1-ff'+2(f-f')}$; enfin le système reste immobile si φ_0 est compris entre φ_2 et φ_1 (ou égal soit à φ_1, soit à $-\varphi_2$); dans le cas de l'équilibre, les réactions ne sont pas déterminées par les équations mais dépendent d'une quantité arbitraire comprise entre deux limites. Lorsque f et f' sont très petits, comparables à φ, φ', on peut réduire l'équation (2) à l'équation du mouvement tautochrone.

$$(3)\quad \frac{8\ell^2}{3g}\,\varphi'' = -\varepsilon(f+f') - \varphi \qquad \left(\varepsilon = +1 \text{ pour } \varphi'>0,\quad \varepsilon = -1 \text{ pour } \varphi'<0\right);$$

le système s'arrête après un nombre fini de demi-oscillations isochrones, d'amplitude décroissante, dont le centre est alternativement $\varphi_1 = f+f'$ et $-\varphi_2 = -(f+f')$.

III - Deux points M, M_1 (de masse égale à l'unité) sont liés par une tige rigide et sans masse; le point M glisse avec frottement sur une droite Ox. Mouvement du système lancé dans le plan xMM_1 quand aucune force active ne s'exerce sur lui; petits mouvements du même système supposé pesant, la pesanteur étant située dans le plan xMM_1 et normale à ox (On suppose $f < 1$).

Les trois équations du mouvement du solide $M M_1$ donnent (voir page 16) :

$$2x'' - r\theta'' \sin\theta = r\cos\theta\,\theta'^2 - \varepsilon f R_y, \quad r\theta''\cos\theta = r\sin\theta\,\theta'^2 + 2g + R_y,$$
$$r\theta'' - x''\sin\theta = g\cos\theta,$$

$$(\varepsilon = 1 \text{ pour } x' R_y > 0, \qquad \varepsilon = -1 \text{ pour } x' R_y < 0)$$

ou bien, en posant :

$$D = 1 + \cos^2\theta + \varepsilon f \sin\theta \cos\theta \,;$$

$$(1) \quad DR_y = -[r\theta'^2\sin\theta + 2g], \quad Dx'' = r\theta'^2(\cos\theta + \varepsilon f \sin\theta) + g[\cos\theta\sin\theta + \varepsilon f(1+\sin^2\theta)],$$
$$Dr\theta'' = (r\theta'^2\sin\theta + 2g)(\cos\theta + \varepsilon f \sin\theta),$$
$$(\varepsilon = 1 \text{ pour } x'(r\sin\theta\,\theta'^2 + 2g) < 0, \qquad \varepsilon = -1 \text{ pour } x'(r\theta'^2\sin\theta + 2g) > 0).$$

Supposons d'abord $g = 0$: le signe de ε est alors celui de $-x'\sin\theta$. Pour $\theta = 0$, le signe de ε est celui de $-x'\theta'$ (comme on le voit en considérant l'instant $t + dt$) ; pour $\theta = \pi$, ε a le signe de $+x'\theta'$. Quand θ est nul à l'instant t_0, θ est nul quel que soit t, et par suite x' est constant. Reste le cas du frottement au repos, $x'_0 = 0$: si on a $f > |\cot g\,\theta_0|$, x' reste nul et θ varie proportionnellement au temps tant que θ n'atteint pas une valeur θ_1 pour laquelle $\cot g\,\theta_1 = \pm f$; il en est de même, si on a : $f = \pm \cot g\,\theta_0$, en même temps que $\theta'_0 \cot g\,\theta_0 > 0$. Si on a $f < |\cot g\,\theta_0|$, x et θ vérifient les équations du mouvement où ε est de signe contraire à $tg\,\theta_0$; il en est de même si on a $f = \pm \cot g\,\theta_0$ en même temps que $\theta'_0 \cot g\,\theta_0 < 0$. Enfin si θ'_0 est nul en même temps que x'_0, le système reste immobile. La discussion du mouvement est dès lors possible : θ' est constant ou vérifie l'équation $\theta' = C e^{\int \frac{\sin\theta(\cos\theta + \varepsilon f \sin\theta)}{1 + \cos^2\theta + \varepsilon f \sin\theta \cos\theta} d\theta}$. θ' ne s'annule donc jamais, θ varie toujours dans le même sens, croît par exemple et croît indéfiniment, car s'il tendait vers une limite θ_1, θ_1 devrait annuler l'exponentielle qui donne θ'. De plus θ' tend vers zéro quand t croît indéfiniment, sinon, ni x' ni R_y ne tendrait vers zéro et le travail de la force de frottement tendrait vers ∞. Plaçons-nous, pour fixer les idées, dans les conditions initiales $0 < \theta_0 < \frac{\pi}{2}$, $\theta'_0 < 0$, $x'_0 < 0$. Le mouvement vérifie les équations (1) où $\varepsilon = +1$ tant que $x'\sin\theta$ ne s'annule pas : soit α la valeur de l'intégrale $\int_0^\theta \frac{\theta'(\cos\theta + f\sin\theta)}{D} d\theta$, si $r\alpha$ est plus petit que $|x'_0|$, ε se change en -1 quand θ traverse la valeur zéro ; si $r\alpha$ est plus grand que $|x'_0|$, x' s'annule quand θ atteint la valeur θ_2 (comprise entre θ_0 et 0) pour laquelle on a $x'_0 + r\int_\theta^{\theta_2} \frac{\theta'(\cos\theta + f\sin\theta)}{D} d\theta = 0$; soit, d'autre part, θ_2 l'angle compris entre 0 et $\frac{\pi}{2}$ dont la cotangente est égale à f; quand θ, est plus petit que θ_2, x' devient positif, et ε se change en -1. Quand θ, est plus grand que θ_2, x reste constant et θ décroît proportionnellement au temps dans l'intervalle de temps t_1 à $t_1 + \frac{\theta_1 - \theta_2}{|\theta_1'|} = t_2$; puis x' devient positif pour $t > t_2$ et ε est égal à -1; etc.

Quand g n'est pas nul, le problème n'exige encore que des quadratures. Bornons-nous à discuter le mouvement dans le cas où les vitesses initiales θ_0', x_0' sont très petites et où θ_0 diffère très peu de $\frac{\pi}{2}$. Posons $\theta = \frac{\pi}{2} + \varphi$: l'inégalité $T \leq T_0 + gr(\cos\varphi - \cos\varphi_0)$ montre que $|\varphi|$ reste inférieur à $|\varphi_1|$, $\left[\cos\varphi_1 = 1 - \frac{T_0}{gr} - (1 - \cos\varphi_0)\right]$, et que T reste inférieur à $T_0 + gr(1 - \cos\varphi_0)$. Négligeons donc, dans les équations (1), les termes du second ordre en φ, φ'; il vient:

$$(2) \qquad x'' = -g\varphi(1 - 2f^2) - 2\varepsilon fg, \qquad r\varphi'' = -2g\varphi(1 - f^2) - 2g\varepsilon f,$$

$$(\varepsilon = 1 \text{ pour } x' > 0, \qquad \varepsilon = -1 \text{ pour } x' < 0).$$

Au bout d'un temps fini, x' reste nul; en effet, pour que le second membre de l'égalité des forces vives ne tende pas vers $-\infty$, il faut que x' reste nul ou tende vers zéro quand t devient très grand; si x' tend vers zéro pour $t = \infty$, la première égalité (2) montre que φ doit tendre vers $\pm\frac{\varepsilon f}{1 - 2f^2}$, par suite φ' doit tendre vers zéro, et la seconde égalité (2) montre que φ devrait tendre vers $\pm\frac{f}{1 - f^2}$; il y a donc contradiction; x reste constant pour t est supérieur à une certaine limite t_1, et M_1 se meut alors comme un pendule simple. Quand f est très petit, comparable à φ, φ', on peut réduire les équations (2) aux suivantes:

$$(3) \qquad x'' = -2\varepsilon fg - g\varphi, \qquad r\varphi'' = -2g\varepsilon f - 2g\varphi, \qquad (\varepsilon x' > 0),$$

qui se discutent bien aisément: le point M s'arrête définitivement après un nombre fini d'oscillations et d'arrêts partiels.

IV- Même problème en supposant la tige MM_1 homogène et de densité $\rho = 1$.

Rien n'est changé dans ce qui précède que les coefficients numériques des équations (1). On trouve:

$$rx'' - \frac{r^2}{2}\sin\theta\,\theta'' = \frac{r^2}{2}\cos\theta\,\theta'^2 + R_x, \qquad \frac{r^2}{2}\cos\theta\,\theta'' = \frac{r^2}{r}\sin\theta\,\theta'^2 + gr + R_y, \qquad \frac{r^3}{3}\theta'' - \frac{r^2}{2}x''\sin\theta = g\frac{r^2}{2}\cos\theta;$$

en particulier l'équation (3) doit être remplacée par la suivante:

$$x'' = -\frac{4\,\varepsilon f g}{r} - \frac{3g}{r}\varphi\,, \qquad \varphi'' = -\frac{6g}{r^2}(\varepsilon f + \varphi)\,, \qquad (\varepsilon = +1 \text{ pour } x' > 0,\ \varepsilon = -1 \text{ pour } x' < 0).$$

V — Une barre pesante et homogène AB a son extrémité A qui glisse sans frottement sur un plan xoy et son milieu G qui glisse avec frottement sur une droite oz normale au plan xoy. Mouvement du système (la pesanteur ayant une direction quelconque par rapport aux axes $oxyz$).

Soit 2ℓ la longueur de la barre, φ l'angle xoA, θ l'angle zGB, γ la composante de la pesanteur suivant oz, γ' sa composante normale à oz ; le théorème des moments appliqué à oz donne : $\sin^2\theta\,\varphi' = a$. D'autre part, le point G se meut comme un point de masse 2ℓ auquel toutes les forces extérieures (pesanteur, réaction R de oz, réaction N de xoy) seraient appliquées ; il suit de là que la composante normale de R_n est égale et directement opposée à (γ'), et qu'on a, si ζ désigne l'ordonnée de G :

$$2\ell\zeta'' \equiv -2\ell^2\left[\sin\theta\,\theta'' + \cos\theta\,\theta'^2\right] = 2\ell\gamma + N - \varepsilon f\,2\ell\gamma'\,,$$

$$(\varepsilon = +1 \text{ pour } \zeta' > 0,\quad \varepsilon = -1 \text{ pour } \zeta' < 0).$$

Pour calculer N appliquons le théorème des moments à ox : la pesanteur et R ayant une résultante dirigée suivant oz, leur moment est nul et il vient :

$$\int_{-\ell}^{+\ell}\lambda\,(\lambda - \ell)\,d\lambda\cdot\frac{d}{dt}\left(\sin\varphi\cdot\theta' + \cos\theta\sin\theta\cos\varphi\,\varphi'\right) \equiv \frac{2\ell^3}{3}\frac{d}{dt}\left(\sin\varphi\,\theta' + a\cot\theta\cos\varphi\right) = N\ell\sin\theta\sin\varphi\,,$$

$$\text{ou bien : } \quad N = \frac{2\ell^2}{3\sin\theta}\left[\theta'' - \frac{a^2\cos\theta}{\sin^2\theta}\right]\,, \quad \text{et par suite}$$

$$(1)\quad \theta''(1 + 3\sin^2\theta) = -3\sin\theta\cos\theta\,\theta'^2 + \frac{a^2\cos\theta}{\sin^2\theta} - \frac{3\sin\theta}{\ell}(\gamma - \varepsilon f\gamma')\,, \quad \left[\begin{array}{l}\varepsilon = +1 \text{ pour } \sin\theta\,\theta' < 0 \\ \varepsilon = -1 \text{ pour } \sin\theta\,\theta' > 0\end{array}\right]\,,$$

équation facile à intégrer et à discuter. — Quand θ' est nul pour $t = t_0$, θ reste constant si on a $|f\gamma'| > \dfrac{a^2\ell\cos\theta_0}{3\sin^3\theta_0} - \gamma$; sinon $\theta(t)$ vérifie l'équation (1) où ε est égal à $+1$ pour $-\dfrac{a^2\ell\cos\theta_0}{3\sin^3\theta_0} - \gamma < 0$ et à $+1$ pour $\dfrac{a^2\ell\cos\theta_0}{3\sin^3\theta_0} - \gamma > 0$.

VI — Un solide S homogène et pesant a deux points A, B assujettis à glisser avec frottement le long d'un axe oz ; mouvement de S, la pesanteur ayant une direction quelconque. Prenons comme axe des x la normale ox à oz et à la pesanteur : soit β, γ les composantes de la pesanteur suivant oy et oz, $M = 1$ la masse de S, K son rayon de gyration autour de oz ; soit enfin ξ, η, ζ les coordonnées de son centre de gravité G, $\zeta + a$ et $\zeta + b$ les ordonnées de A et de B ($a > b$). La position de S est définie par l'angle θ que fait avec zox le demi-plan zoG et par ζ ; on a : $\xi = r \cos\theta, \eta = r \sin\theta$. Les six équations du mouvement de S donnent, en écrivant d'abord l'équation des moments par rapport à oz et en appelant R, R' les réactions de oz en A, B :

$$(1) \qquad K^2 \theta'' = \xi\beta = \beta r \cos\theta ,$$

$$\xi'' = R_x + R'_x , \quad \eta'' = R_y + R'_y + \beta, \quad \zeta'' = R_z + R'_z + \gamma, \quad 0 = \eta(R_z + R'_z) + a R'_y + \zeta R'_y, \quad 0 = \xi(R_z + R'_z) + a R_x + b R'_x ,$$

et par suite en éliminant $(R_z + R'_z)$:

$$(a-b) R_x = \xi(\gamma - \zeta'') - b \xi'' \qquad , \qquad (a-b) R_y = \eta(\gamma - \zeta'') - b(\eta'' - \beta) ,$$

$$(b-a) R'_x = \xi(\gamma - \zeta'') - a \xi'' \qquad , \qquad (b-a) R'_y = \eta(\gamma - \zeta'') - a(\eta'' - \beta) ;$$

si d'autre part on tient compte de la loi de frottement, on a :

$$\xi'' = \gamma - \varepsilon f \left[\sqrt{R_x^2 + R_y^2} + \sqrt{R'^2_x + R'^2_y} \right] , \qquad (\varepsilon = +1 \ \text{pour} \ \zeta' > 0, \ \varepsilon = -1 \ \text{pour} \ \zeta' < 0) ;$$

d'où l'équation :

$$(2) \quad \frac{(a-b)(\zeta'' - \gamma)}{-\varepsilon f} = + \sqrt{r^2(\zeta'' - \gamma)^2 - 2a(\eta\beta + r^2\theta'^2)(\zeta'' - \gamma) + a^2[\zeta''^2 + (\eta'' - \beta)^2]} + \sqrt{r^2(\zeta'' - \gamma)^2 - 2b(\eta\beta + r^2\theta'^2)(\zeta'' - \gamma) + b^2[\zeta''^2 + (\eta'' - \beta)^2]}$$

L'équation (1) est celle du pendule composé, elle donne $\cos\theta, \sin\theta$ et par suite ξ, η et leurs dérivées en fonction doublement périodiques de t ; ζ est donc donné par une quadrature : $\frac{d\zeta}{dt} = F(t)$, F dépendant d'une équation algébrique du 4e degré ; on peut encore prendre θ comme variable indépendante et écrire $\frac{d\zeta'}{d\theta} = \frac{F}{\theta'} = F_1(\theta)$; le problème n'exige que des quadratures. La racine F de l'équation du quatrième degré doit être réelle, correspondre au même signe des deux radicaux, et être plus grande que γ ou plus petite, suivant que ζ' est négatif ou positif.

Bornons nous à faire la discussion dans le cas particulier où β est nul (c'est-à-dire où la pesanteur est parallèle à oz) et où f est moindre que $\frac{a-b}{2r}$: θ' est alors constant et les deux radicaux qui figurent dans l'équation (2) portent sur deux carrés parfaits : $r^2(\zeta'' - \gamma - a\theta_0'^2)^2$, $r^2(\zeta'' - \gamma - b\theta_0'^2)^2$. L'équation (2) devient donc :

$$(3)\quad \frac{(a-b)(\zeta''-\gamma)}{-\varepsilon f r} = \left|\zeta''-\gamma - a\theta_0'^2\right| + \left|\zeta''-\gamma - b\theta_0'^2\right| \qquad \begin{cases} \varepsilon_z +1 & \text{pour } \zeta' > 0 \\ \varepsilon_z -1 & \text{pour } \zeta' < 0 \end{cases}$$

On peut toujours supposer $\zeta_0' > 0$: une discussion toute élémentaire montre que (pour $f < \frac{a-b}{2r}$[1]), l'équation (3) en $(\zeta''-\gamma)$, où $\varepsilon = +1$, admet toujours une racine et une seule, à savoir, en posant $f_1 = \frac{fr}{a-b}$, $\left[f_1 < \frac{1}{2}\right]$:

pour $a > 0, b > 0,$
$$\zeta''-\gamma = -\frac{f_1(a+b)\theta_0'^2}{1-2f_1},$$

pour $a > 0, b < 0,$
$$\zeta''-\gamma = -f_1(a-b)\theta_0'^2, \text{ si } f_1 \leqslant 1-\frac{a}{a-b} \,;\, \zeta''-\gamma = -\frac{f_1(a+b)\theta_0'^2}{1-2f_1}, \text{ si } f_1 \gtrless 1-\frac{a}{a-b}$$

pour $a < 0, b < 0,$
$$\zeta''-\gamma = -f_1(a-b)\theta_0'^2, \text{ si } f_1 \gtrless \frac{|a|}{|b|-|a|} \,;\, \zeta''-\gamma = -\frac{f_1(a+b)}{1+2f_1}, \text{ si } f_1 \leqslant \frac{|a|}{|a|-|a|}$$

L'accélération de ζ est constante tant que ζ' ne s'annule pas. Il reste à examiner le cas où ζ' est nul : supposons, pour fixer les idées $a, b, \gamma,$ positifs (les autres cas se traiteraient de la même manière) ; si ζ'' n'est pas nul, ζ'' doit être positif, car si ζ'' était négatif, ζ vérifierait l'équation (3) où $\varepsilon_z = -1$, et $\zeta''-\gamma$ devrait être positif : pour $\varepsilon = +1$, on a $\zeta''=\gamma - \frac{f_1(a+b)\theta_0'^2}{1-2f_1}$, et pour que cette quantité soit positive il faut qu'on ait $\gamma - \frac{f_1(a+b)\theta_0'^2}{1-2f_1} > 0$. D'autre part si on fait $\zeta''=0$, on trouve $R_n = \frac{r}{a-b}(\gamma + b\theta_0'^2)$, $R_n' = \frac{r}{a-b}(\gamma + a\theta_0'^2)$ et $R_z + R_z' = -\gamma$; pour qu'on puisse satisfaire à ces égalités en même temps qu'aux conditions $|R_z| \leqslant f R_n$, $|R_z'| \leqslant f R_n'$, il faut que γ soit au plus égal à $\frac{f_1(a+b)\theta_0'^2}{1-2f_1}$; dans ce cas il suffit de prendre :

$$(4)\quad R_z' = -f R_n' + u, \qquad R_z = f R_n - u - \gamma, \qquad (\text{avec } 0 \leqslant u \leqslant f(R_n + R_n')-\gamma),$$

pour que toutes les conditions soient vérifiées. Ainsi donc (dans l'hypothèse où a, b, γ sont positifs), le solide abandonné dans les conditions initiales $\zeta_0, \theta_0, \zeta_0'=0, \theta_0'$ descend d'un mouvement uniformément accéléré en tournant autour de oz avec une vitesse constante, pourvu qu'on ait :

$$\gamma - \frac{fr(a+b)\theta_0'^2}{a-b-2fr} > 0. \text{ Quand on a } \gamma \leqslant \frac{fr(a+b)\theta_0'^2}{a-b-2fr},$$

ζ reste constant ainsi que θ ; dans ce dernier cas, R_x, R_y, R_x', R_y' sont déterminés par les équations du mouvement ainsi que $R_z + R_z'$, mais R_z, R_z' dépendent [d'après (4)] d'une indéterminée positive moindre

____

[1] Dans le cas où f serait plus grand que $\frac{a-b}{2r}$ des singularités se présenteraient : par exemple, il y aurait incompatibilité pour $\zeta_0' > 0 \,;\, a > 0, b > 0.$

qu'une certaine limite.

    Remarque sur les systèmes formés de deux solides.

    Pour de tels systèmes, il est souvent possible d'étudier à part le mouvement relatif d'un des solides par rapport à l'autre.

    Exemple-VII - Un triangle ABC pesant a son côté BC qui glisse sans frottement sur une droite horizontale ox. Une circonférence homogène et pesante glisse avec frottement sur le côté AC. Mouvement du système lancé dans plan vertical

    Soit M la masse du triangle, $m=1$ celle

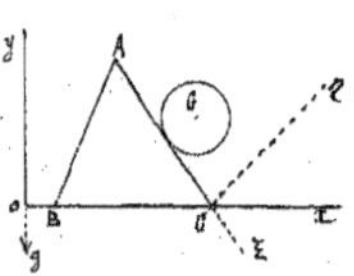

de la circonférence G, r son rayon; x et ξ les abscisses des points C et G. Le théorème du mouvement du centre de gravité appliqué à ox donne: (1) $M x'' + x''_1 = 0$, ou bien $Mx + x_1 = at + b$. D'autre part, prenons comme axes liés au triangle la droite $C\xi$ qui prolonge AC et la droite normale $C\eta$; soit ξ, η les coordonnées nouvelles de G; écrivons les trois équations du mouvement relatif du solide G par rapport à ces axes, en ajoutant aux forces actives les forces de Coriolis qui équivalent ici à une force unique $\gamma = -x''$ (dirigée suivant ox) et appliquée en G; il vient, en observant que $x_1 = x + \xi \cos C$ et que, par suite, d'après (1),

$$-x'' = \frac{\xi'' \cos C}{1+M} :$$

$$\xi'' = g \sin C + \gamma \cos C + R_\xi = g \sin C + \frac{\xi'' \cos^2 C}{1+M} - \varepsilon f R_\eta,$$

$$(2)\quad 0 = \eta'' = -g \cos C + \gamma \sin C + R_\eta = g \cos C + \frac{\xi'' \cos C \sin C}{1+M} + R_\eta,$$

$$r\theta'' = R_\xi = \varepsilon f R_\eta ; \qquad\qquad \left(\varepsilon = \pm 1,\ \varepsilon(\xi' - r\theta') R_\eta > 0\right).$$

R_ξ, R_η sont les composantes de la réaction R exercée par BC sur la circonférence; et θ est l'angle LGM que fait la verticale avec un rayon fixe GL du cercle.
On tire de là :

$$R_\eta = \frac{Mg \cos C}{M + \sin^2 C - \varepsilon f \sin C \cos C}, \quad \xi'' = \frac{(1+M)g(\sin C - \varepsilon f \cos C)}{M + \sin^2 C - \varepsilon f \sin C \cos C}, \quad r\theta'' = \frac{\varepsilon f Mg \cos C}{M + \sin^2 C - \varepsilon f \sin C \cos C}.$$

Plaçons-nous dans le cas $f < \dfrac{M + \sin^2 C}{\sin C \cos C}$, et $0 < C < 90°$; R_η est positif, ε est égal à $+1$ pour $\xi' - r\theta' > 0$ et à -1 pour $\xi' - r\theta' < 0$; ξ'' et θ'' restent constants tant que $\xi' - r\theta'$ ne s'annule pas. On trouve aussitôt

$$\xi'' - r\theta'' = g\,\frac{\left[\sin C\,(1+M) - \varepsilon f \cos C\,(1+2M)\right]}{\sin^2 C + M - \varepsilon f \sin C \cos C}\ ;$$

d'où une discussion analogue à celle du cerceau (voir page 80): le cercle roule sur AB au bout d'un temps fini, si on a : $f > \operatorname{tg} C\left(\frac{1+M}{1+2M}\right)$, quantité toujours moindre que $\frac{M + \sin^2 C}{\sin C \cos C}$; au contraire, $\xi - r\theta'$ croît indéfiniment dans le cas $f < \operatorname{tg} C\left(\frac{1+M}{1+2M}\right)$; enfin, sans le cas $f = \operatorname{tg} C\left(\frac{1+M}{1+2M}\right)$, $\xi' - r\theta'$ reste constant si $\xi'_0 - r\theta'_0$ est positif, il roule au bout d'un temps fini, si $\xi'_0 - r\theta'_0$ est négatif ou nul. A l'instant où $\xi' - r\theta'$ s'annule, les accélérations varient brusquement.

Remarque sur les systèmes à liaisons surabondantes.

Quand les liaisons à frottement sont surabondantes, les équations de la mécanique ne suffisent pas en général à déterminer le mouvement. Toutefois cette détermination est possible dans certains cas très particuliers.

Exemple - VIII - Reprendre l'exemple VII en supposant que BC glisse avec frottement sur ox.

Nous admettons seulement que les réactions de l'axe ox ont toutes leurs composantes normales positives ou nulles; c'est ce qui a lieu nécessairement si la liaison est unilatérale, ABC pouvant s'élever au dessus de ox. Le théorème du mouvement du centre de gravité donne alors, en appelant N_x, N_y les composantes de la somme géométrique des réactions de ox : :

$$(3)\qquad (1+M)\,x'' + \xi'' \cos C = N_x = -\varepsilon' f' N_y, \quad M y'' + y'' = -\xi'' \sin C = N_y - (1+M) g$$

$$(\varepsilon' = +1 \text{ pour } x' > 0, \qquad \varepsilon' = -1 \text{ pour } x' < 0, \text{ et } N_y > 0).$$

Les équations (3), jointes aux équations (2), définissent le mouvement; il suffit de remplacer, dans les équations (2), γ par $\left[\frac{\xi''(\cos C - \varepsilon' f' \sin C)}{1+M} + \varepsilon' f' g\right]$. On trouve, en posant :

$$D = M + \sin^2 C + (\varepsilon' f' - \varepsilon f)\sin C \cos C + \varepsilon \varepsilon' f f' \sin^2 C,$$

$$D R_q = g M (\cos C - \varepsilon f' \sin C), \quad D\xi'' = g(1+M)\left[\sin C + (\varepsilon' f' - \varepsilon f)\cos C + \varepsilon \varepsilon' f f' \sin C\right]$$

$$D(\xi'' - r\theta'') = g\left[\sin C + (\varepsilon' f' - \varepsilon f)\cos C + \varepsilon \varepsilon' f f' \sin C + M(\sin C + \varepsilon' f' \cos C)\right], \quad D N_y = (1+M) M g$$

$$(\varepsilon = \pm 1), \quad \varepsilon(\xi'' - r\theta'')(\cos C - \varepsilon' f' \sin C) > 0,$$

égalités qui définissent le mouvement sans difficulté pourvu qu'on ait :

$$(4)\qquad M + \sin^2 C - |f + f'| \sin C \cos C - f f' \sin^2 C > 0.$$

On voit aisément d'ailleurs que le mouvement où le côté BC

quitterait ox [sauf peut être en un des points B,C et inadmissible [l'inégalité (4) étant vérifiée]. Le mouvement est donc déterminé sans ambiguité.

La discussion du cas du frottement au repos présente des singularités déjà signalées (voir page 94) quand f et f' sont seulement astreints à l'inégalité (4). Par exemple, si on a $x_0'=0$, $\xi_0'+r\theta_0'\neq 0$, il arrive que deux mouvements correspondent aux conditions initiales ou qu'il y ait incompatibilité. Pour faire la discussion, supposons donc f et f' moindres que $\cotg C$. Soit d'abord $x_0'=0$, $\xi_0'-r\theta_0'\neq 0$: x reste constant si on a $f \geqslant \dfrac{\cos C\,|\sin C-\varepsilon f\cos C|}{M+\cos^2 C+\varepsilon f\cos C\sin C}$, ε étant égal à ± 1 suivant que $\xi_0'-r\theta_0'$ est positif ou négatif; quand l'inégalité inverse a lieu, x varie, x'' et ε ont le signe de $\varepsilon f\cos C-\sin C$. Soit maintenant $x_0'\neq 0$, $\xi_0'-r\theta_0'=0$: $\xi'-r\theta'$ reste nul si on a $f'\geqslant \dfrac{(r+M)|\sin C+\varepsilon f'\cos C|}{\cos C-\varepsilon f'\sin C}$, ($\varepsilon$ ayant le signe de x') quand l'inégalité inverse a lieu; $\xi''-r\theta''$ et ε ont le signe de $\sin C+\varepsilon f'\cos C$. Enfin, soit $x_0'=0$, $\xi_0'-r\theta_0'=0$; la discussion est plus compliquée encore. Indiquons seulement ce qui se passe pour les petites valeurs de f et f'; si f et f' sont assez petits pour qu'on ait à la fois:

$$\sin C\,(1+M)-\cos C\,[f+(1+M)f']-f f'\sin C>0,\qquad \text{et}\quad \cos C\sin C-(f+f')\cos^2 C-f'M-f f'\cos C\sin C>0$$

(inégalités qui entraînent l'inégalité (4) et l'inégalité $f'<\cotg C$); x' et $\xi'-r\theta'$ varient; x'' est négatif, $\xi''-r\theta''$ positif, ε est égal à $+1$, ε' à -1.

Observons que ce qui précède suppose essentiellement que le coefficient de frottement f soit le même tout le long de BC et que les réactions normales de ox soient toutes de même sens; dans ces conditions les réactions partielles de ox sont toutes parallèles et de même sens (Elles font avec ox un angle dont la tangente est f). Dans tous les problèmes où des solides plans sont lancés dans un plan commun xoy et soumis à des forces situées dans ce plan, si un ou plusieurs de ces solides ont un ou plusieurs côtés rectilignes tels que BC qui glissent avec frottement sur des droites fixes ou l'un sur l'autre, on peut étudier le mouvement en admettant seulement que f soit constant le long de BC et que les composantes normales des réactions soient de même sens.

Il serait au contraire impossible d'étudier (sans hypothèse nouvelle) le mouvement d'un triangle ABC pesant dont un côté BC glisse avec frottement sur un axe oz, la pesanteur ayant une direction quelconque. Quand on admet que deux points seulement de BC, soit B',C' glissent le long de oz, le mouvement peut se calculer (voir l'exemple VII) mais dépend des points choisis B', C'.

De même, étant donné un corps solide pesant S qui repose par une base B sur un plan P, le mouvement peut se calculer dans le cas où, à l'instant t_0, le solide est animé d'un mouvement de translation parallèle à une ligne de plus grande pente; le corps glissera sans rotation le long de P, son accélération étant égale à $g(\sin i-f\cos i)$ si on la compte suivant une ligne de plus grande pente ox menée de haut en bas; cela suppose toutefois que la démi-droite GA menée par G vers le bas dans le plan vertical normal au plan P et qui fait avec la direction opposée à la vitesse de G un angle dont la tangente est égale à f, rencontre le plan à l'intérieur de la base B. Autrement B quitterait le plan (sauf en un point ou en plusieurs points en ligne droite).

Du frottement de roulement et de pivotement.

Dans ce qui précède, nous avons admis que les contacts entre solides avaient lieu par points géométriques. En réalité, deux solides S et Σ qui pressent l'un sur l'autre éprouvent une petite déformation et sont en contact le long d'un élément de surface σ entourant le point de contact géométrique P. Cette déformation peut-être géométriquement négligeable sans que ses effets mécaniques le soient. Les réactions exercées par Σ sur S le long de σ, peuvent toujours être remplacés par une force unique R appliquée en P (dite force de frottement de glissement) et par un couple Γ dit couple de frottement.

Supposons, par exemple, que S glisse sur une surface fixe Σ. Pour qu'il n'y ait pas frottement, c'est-à-dire pour que le travail virtuel des réactions de Σ soit nul, il faut et il suffit que Γ soit nul et que R soit normal en P à S et à Σ. On le voit aussitôt en observant qu'on peut imposer à S une translation virtuelle dont la direction soit une tangente quelconque en P à Σ et une rotation virtuelle autour de l'axe du couple Γ. Une remarque analogue s'applique à toutes les liaisons énumérées (pages 47 et 50).

Quand il y a frottement, R obéit à la loi connue (voir page 39). D'autre part, décomposons l'axe du couple Γ en un axe Γ_p normal à Σ et un axe Γ_r tangent à Σ. Le couple défini par Γ_p est dit couple du frottement de pivotement, et le couple défini par Γ_r est dit couple du frottement de roulement. Des expériences très imparfaites conduisent à admettre que (pour une position et des vitesses données de S) les axes Γ_p, Γ_r sont directement opposés aux composantes ω_p, ω_r (normale et tangente à Σ) du segment de rotation instantané ω; de plus, en valeur absolue $\Gamma_p = f' R_n$, $\Gamma_r = f'' R_n$, R_n désignant la composante normale à Σ de la force de frottement de glissement R. Le couple Γ_p s'oppose au pivotement de S (c'est à dire à la rotation de S autour de la normale commune à S et Σ)

et le couple Γ_r s'oppose au roulement proprement dit de S (c'est-à-dire à la rotation de S autour d'une tangente commune à S et Σ). Les coefficients f' et f'' sont sensiblement indépendants des vitesses de S mais on ne peut plus les supposer constants le long de S et Σ, lors même que les deux surfaces sont uniformément rugueuses ; car l'aire de contact σ dépend de la forme de S et Σ dans le voisinage du point P, et par suite f', f'' dépendent de la position du système[1]. Dans le cas particulier où chaque surface S, Σ est une sphère ou un plan dont deux éléments géométriquement identiques sont matériellement identiques, f' et f'' sont des constantes absolues.

La loi précédente suppose que ω_p et ω_r ne sont pas nuls. Quand ω_p est nul à l'instant t, l'expérience montre que deux cas sont possibles : ou bien ω_p reste nul et Γ_p est alors au plus égal à $f' R_n$, ou bien dans l'intervalle de temps t à $t+dt$, ω_p n'est pas nul et la loi ordinaire de frottement s'applique[2]. Une loi analogue régit le cas où ω_r est nul.

Pour tenir compte de cette loi empirique du frottement, on procède comme à la page 40 : on écrit (quand les conditions initiales sont quelconques) les six équations du mouvement de S, où les seconds membres sont exprimés à l'aide des forces actives, de f, f', f'' et de R_n ; on a ainsi six équations pour définir les inconnues $q''_1, \dots q''_6$ et R_n. Quand une des quantités V_0, ω_p^0, ω_r^0 est nulle (V_0 désignant la vitesse initiale du point matériel P de S en contact avec Σ), on applique la loi de frottement au repos. Par exemple, si ω_p^0 est nul, on laisse d'abord indéterminé dans les équations du mouvement l'axe Γ_p tangent à Σ (d'où deux nouvelles indéterminées), et on exprime que les composantes de ω_p suivant ox, oy ont leur dérivée (par rapport à t) nulle, d'où deux nouvelles conditions ; on vérifie si les valeurs de $(\Gamma_p)_x$, $(\Gamma_p)_y$, $(\Gamma_p)_z$, R_n, déduites de ces huit équations linéaires à huit inconnues, satisfont à l'inégalité $|\Gamma_p| < f'' |R_n|$; s'il en est ainsi, l'hypothèse $\omega_p = 0$ est admissible. Quant à la seconde hypothèse, pour la discuter, on observe que la direction limite de Γ_p doit être opposée à la direction $\frac{d}{dt}(\omega_r)_x$, $\frac{d}{dt}(\omega_r)_y$, $\frac{d}{dt}(\omega_r)_z$, quantités qui sont des fonctions linéaires de $q''_1, \dots q''_6$ (et des fonctions de q, q'), de plus $|\Gamma_p| = f'' |R_n|$; si on écrit les équations du mouvement en tenant compte de cette direction

---

[1] Voir Léauté, Thèse de Doctorat 1876.

[2] En réalité, ainsi qu'il arrive pour le frottement de glissement, le coefficient de frottement au départ est un peu plus grand que le coefficient de frottement de mouvement f' (ou f'').

et de cette valeur de (I'_r) on a six équations pour définir $q''_1, \ldots q''_5, R_1$, mais dont les seconds membres renferment les q'' au second degré sous un radical; ces équations doivent admettre une solution réelle pour que la seconde hypothèse soit admissible.

Quand deux des quantités v_0, ω_r^2, ω_r^2 sont nulles, on a 4 hypothèses à discuter suivant qu'on admet que les deux quantités restent nulles pour $t > t_0$, ou seulement une d'elles, ou aucune. Quand le solide S est abandonné au repos, on a de même huit hypothèses à discuter.

Les développements précédents s'étendent immédiatement à toutes les liaisons énumérées aux pages 47 et 50, et à leurs combinaisons.

Les coefficients f', f'' sont toujours très petits par rapport à f, ou [1] plus exactement par rapport à fr, si r désigne la distance PG du point P au centre de gravité G. Quand on les néglige, on rentre dans le cas qui a fait l'objet de ces leçons, le cas du frottement de glissement. Observons que le travail des forces de frottement de roulement et de pivotement n'est plus masqué, en quelque sorte par le travail du frottement de glissement quand celui-ci est nul, c'est-à-dire quand S roule et pivote sans glisser sur Σ. Par exemple, quand un cerceau (lancé dans un plan vertical) glisse sur une horizontale ox, le cercle roule sans glisser au bout d'un temps fini t_1, à cause du frottement de glissement, et s'arrête au bout d'un temps $(t_2 - t_1)$ très long à cause du frottement de roulement.

Le travail des forces de frottement est toujours négatif ou nul quand les liaisons matérielles sont indépendantes du temps.

Exemple. — Mouvement d'un cerceau homogène et pesant lancé dans un plan vertical xoy sur une droite ox horizontale ou inclinée, en tenant compte du frottement de glissement et de pivotement.

Le mouvement a lieu dans le plan xoy, le couple dû au frottement est normal à xoy et s'oppose au roulement du cerceau. D'où les équations (voir page 79), en supposant le cerceau uniformément rugueux et en posant: $f_1 = f'_1$ $[f_1 < f]$:

$$x'' = g \sin i - \varepsilon f g \cos i, \qquad r\theta'' = g \cos i \, (\varepsilon f - \varepsilon' f_1), \qquad \left[\begin{array}{l} \varepsilon = \pm 1, \ \varepsilon(x' - r\theta') > 0 \\ \varepsilon' = \pm 1, \ \varepsilon'\theta' \quad > 0 \end{array} \right].$$

et par suite :

$$x'' - r\theta'' = g \sin i - 2\varepsilon f g \cos i + \varepsilon' f_1 g \cos i.$$

Soit d'abord $i = 0$. Comme f_1 est moindre que f, $x'' - r\theta''$ ou $g(2\varepsilon f - \varepsilon' f_1)$ est toujours de signe contraire à ε, et par suite $x' - r\theta'$ s'annule au bout d'un temps fini t_1. Pour $t > t_1$, le cerceau ne peut plus glisser, car $x' - r\theta'$ devrait avoir le même signe que ε ce qui est absurde; le

___

[1] Les coefficients f' et f'' sont linéaires, et sont multipliés par n ainsi que r, quand on remplace l'unité de longueur par une unité n fois plus petite.

cercle roule donc indéfiniment. Les équations $x'' = R_x$, $r\theta'' = -R_x - \varepsilon f_1 g$, $x'' r\theta'' = 0$, donnent $x'' = \dfrac{\theta''}{r} = -\dfrac{\varepsilon f_1 g}{2}$; x' et θ' s'annulent au bout du temps $\dfrac{2|x'|}{f_1 g}$ et le système reste au repos. Ajoutons que si (à un instant t_0) θ' est nul, θ ne peut rester nul sans que x' le soit, car le couple de roulement devrait être égal à $\pm f r g$ et serait supérieur en module a $f'' g = f_1 r g$; d'autre part, θ'' a le signe de $(\varepsilon f - \varepsilon f_1)$, c'est-à-dire le signe de ε; ε' doit donc avoir, pour $t = t_0 + dt$, le signe de ε qui est le signe de x_0'.

2° Soit $i > 0$. La discussion tout élémentaire du frottement au repos donne les résultats suivants:

Soit pour $t = t_0$, $x_0' - r\theta_0' \neq 0$, $\theta_0' = 0$, on a pour $t_0 + dt$: $\varepsilon' = \varepsilon$, $\theta' x' > 0$

$$x_0' - r\theta_0' = 0 \begin{cases} \theta_0' > 0 \;\cdots\; \begin{cases} x' - r\theta' = 0 \text{ si } tgi \leqslant 2f - f_1 \\ x' - r\theta' > 0,\; \varepsilon = \varepsilon' = +1 \text{ si } tgi > 2f - f_1 \end{cases} \\[1em] \theta_0' < 0 \;\cdots\; \begin{cases} x' - r\theta' = 0 \text{ si } tgi \leqslant 2f + f_1 \\ x' - r\theta' > 0,\; \varepsilon = 1,\; \varepsilon' = 1 \text{ si } tgi > 2f + f_1 \end{cases} \end{cases}$$

$$x_0' - r\theta_0' = 0,\; \theta_0' = 0 \;\cdots\; \begin{cases} x = x_0,\; \theta = \theta_0 \text{ si } tgi \leqslant f_1 \\ x' - r\theta' = 0,\; \theta' > 0,\; \varepsilon = 1 \text{ si } 2f + f_1 > tgi > f_1 \\ x' - r\theta' > 0,\; \theta' > 0,\; \varepsilon = \varepsilon' = 1 \text{ si } tgi > 2f - f_1 \end{cases}$$

L'étude du mouvement n'offre plus dès lors aucune difficulté; trois cas principaux sont à distinguer. I — $tgi < f_1$, le cerceau roule au bout d'un temps fini t_1, avec une vitesse décroissante et s'arrête au bout d'un temps $t_2 > t_1$. II — $(2f - f_1) > tgi > f_1$, le cerceau roule au bout d'un temps fini t_1 avec une vitesse croissante. III — $tgi > 2f - f_1$, le cerceau glisse et roule avec des vitesses croissantes. Quand tgi est compris entre $2f + f_1$ et $2f - f_1$, une particularité intéressante se présente: le cerceau peut rouler pendant une période du mouvement; par exemple, soit $x_0' - r\theta_0' > 0$, $\theta_0' < 0$ avec $r\theta_0' < \dfrac{(x_0' - r\theta_0')\cos i\,(f + f_1)}{\sin i - (2f + f_1)\cos i}$; la vitesse de glissement diminue et s'annule au bout du temps: $t_1 = \dfrac{x_0' - r\theta_0'}{g[\sin i - (2f + f_1)\cos i]}$; le cercle roule ensuite sans glisser jusqu'à l'instant: $t_2 = t_1 + 2\dfrac{g t_1 (f + f_1)\cos i - r\theta_0'}{g(\sin i + f\cos i)}$, puis les vitesses de glissement et de roulement croissent indéfiniment.

Dans le cas intermédiaire, $f_1 = tgi$, le cercle s'arrête au bout d'un temps fini si, à l'instant t_1 où il commence à rouler, θ_1' est négatif ou nul; si θ' est positif, θ' reste constant. Dans le cas $tgi = 2f - f_1$, le cercle roule au bout d'un temps fini ou sa vitesse de glissement reste constante suivant les conditions initiales.

Exemple II. Si au lieu d'un cerceau, on considère une sphère homogène et pesante lancée sur un plan incliné, les équations du mouvement sont, en posant toujours (voir page 87) $v_x = \xi' - \rho q$, $v_y = \eta' + \rho p$, $v = + \sqrt{v_x^2 + v_y^2}$:

$$(1)\begin{cases} \xi'' = -fg\cos i\,\dfrac{v_x}{v}\,, \qquad \eta'' = -fg\cos i\,\dfrac{v_y}{v} - g\sin i\,, \\[2mm] K^2\dfrac{dp}{dt} = -fg\rho\cos i\,\dfrac{v_y}{v} - f''g\cos i\,\dfrac{p}{\sqrt{p^2+q^2}}\,, \qquad K^2\dfrac{dq}{dt} = fg\rho\cos i\,\dfrac{v_x}{v} - f''g\cos i\,\dfrac{q}{\sqrt{p^2+q^2}}\,, \\[2mm] K^2\dfrac{dr}{dt} = -\varepsilon f'g\cos i\,, \qquad (\varepsilon = \pm 1,\ \varepsilon\, r > 0)\,. \end{cases}$$

La dernière équation montre que le pivotement s'annule au bout d'un temps fini et reste nul. Quant aux autres équations, elles ne sont pas intégrables. Toutefois, dans le cas particulier où, pour $t = t_0$, on a : $\xi'_0 = q_0 = 0$, ξ' et q restent nuls quel que soit t [1] et le mouvement vérifie les équations :

$$(2) \qquad \eta'' = -\varepsilon fg\cos i - g\sin i\,, \qquad K^2\dfrac{dp}{dt} = -\varepsilon fg\rho\cos i - \varepsilon' f''g\cos i$$
$$(\varepsilon = \pm 1,\ \varepsilon(\eta' + \rho p) > 0,\qquad \varepsilon' = \pm 1,\qquad \varepsilon' p > 0)\,;$$

si on pose $f'' = f_1\rho$, $[f_1 < f]$, les équations (2) sont entièrement analogues à celles du cerceau et se discutent de la même manière : la sphère s'arrête au bout d'un temps fini si on a : $f_1 > \operatorname{tg} i$, elle roule au bout d'un temps fini d'un mouvement accéléré si on a : $\left(1 + \dfrac{\rho^2}{K^2}\right)f - \dfrac{\rho^2}{K^2}f_1 > \operatorname{tg} i > f_1$, elle roule et glisse avec des vitesses de roulement et de glissement indéfiniment croissantes si on a : $\left(1 + \dfrac{\rho^2}{K^2}\right)f - \dfrac{\rho^2}{K^2}f_1 < \operatorname{tg} i$.

Quand les conditions initiales sont quelconques, les équations (1) permettent encore de discuter le mouvement. Bornons-nous à traiter le cas du frottement au repos. Soit, pour $t = t_0$, $p_0 = q_0 = 0$, mais $v_0 \neq 0$; ω_r ne peut rester nul, car le couple du frottement de roulement serait égal à $fg\rho\cos i$ et par suite plus grand que $f''g\cos i$; en remplaçant p et q par $\dfrac{dp}{dt}$, $\dfrac{dq}{dt}$ dans les équations (1), on trouve (pour $t = t_0$) :

$$K^2\dfrac{dp}{dt} = -g\rho\cos i\,(f - f_1)\,\dfrac{v_y}{v}\,, \qquad K^2\dfrac{dq}{dt} = g\rho\cos i\,(f - f_1)\,\dfrac{v_x}{v}$$

la direction de ω_r (pour $t = t_0 + dt$) fait sensiblement un angle égal à $+\dfrac{\pi}{2}$ avec la vitesse de glissement.

Soit maintenant $\omega_r^0 \neq 0$, $v_x^0 = v$, $v_y^0 = 0$; la sphère roule sans glisser pendant un certain temps si on a :

$$\left(1 + \dfrac{\rho^2}{K^2}\right)f > \alpha\,, \quad \text{avec } \alpha = +\sqrt{\operatorname{tg}^2 i + 2f_1\dfrac{\rho^2}{K^2}\operatorname{tg} i\,\dfrac{r}{\sqrt{p^2+q^2}} + \dfrac{f_1^2\rho^4}{K^4}}$$

---

[1] Quand le plan est horizontal ($i = 0$), les équations s'intègrent encore si, pour $t = t_0$, (v) et (ω_r) sont rectangulaires (v) et (ω_r) ont alors une direction constante et si on pose $v_x = \alpha v$, $v_y = \beta v$, $p = \rho \omega$, $q = \alpha \omega$, les quantités v et ω vérifient les équations
$$\dfrac{dv}{dt} = -g\cos i\left[f\left(1 + \dfrac{\rho^2}{K^2}\right) - f_1\dfrac{\rho^2}{K^2}\right]\,, \qquad \dfrac{d\omega}{dt} = \dfrac{g\cos i}{K^2}(f - f_1)$$

Elle glisse au contraire si l'inégalité inverse a lieu, et on trouve (pour $t = t_0$) :

$$\frac{dv_x}{dt} = -g\left[1 - \left(1 + \frac{\rho^2}{K^2}\right)\frac{f}{\alpha}\right]\frac{q}{\sqrt{p^2 + q^2}} \;;\; \frac{dv_y}{dt} = +g\left[1 - \left(1 + \frac{\rho^2}{K^2}\right)\frac{f}{\alpha}\right]\frac{p}{\sqrt{p^2 + q^2}} \;;$$

la vitesse v à l'instant $t_0 + dt$ fait un angle sensiblement égal à $+\frac{\pi}{2}$ avec l'axe de roulement instantané ω_r ;

Enfin, soit $\xi'_0 = 0$, $\eta'_0 = 0$, $p_0 = 0$, $q_0 = 0$; ξ'' et $\frac{dq}{dt}$ sont nuls dans tous les cas, ξ' et q restent nuls, et on rentre dans le cas particulier traité d'abord.

Quelles que soient les conditions initiales, la sphère s'arrête au bout d'un temps fini, dans le cas $f_1 > tgi$; elle roule (sans glisser ni pivoter) au bout d'un temps fini avec une vitesse croissante, dans le cas : $\left(1 + \frac{\rho^2}{K^2}\right)f - \frac{\rho^2}{K^2}f_1 > tgi > f_1$. Enfin elle glisse et roule (sans pivoter) avec des vitesses qui croissent indéfiniment, pour $tgi > \left(1 + \frac{\rho^2}{K^2}\right)f - \frac{\rho^2}{K^2}f_1$.

Fin.

<u>Errata</u> :

Page 15, ligne 4, au lieu de : $\lambda = -\dfrac{(g + r\theta'^2 \sin\theta)}{1 + \cos^2\theta}$, lire $\lambda = -\dfrac{(2g + r\theta'^2 \sin\theta)}{1 + \cos^2\theta}$.